科学养羊实用新技术

蔡志斌 吕春和 廖世才 主编

中国农业科学技术出版社

图书在版编目(CIP)数据

科学养羊实用新技术 / 蔡志斌,吕春和,廖世才主编 .—北京:中国农业科学技术出版社,2015.8

ISBN 978-7-5116-2186-3

Ⅰ.①科… Ⅱ.①蔡…②吕…③廖… Ⅲ.①羊-饲养管理-技术培训-教材 Ⅳ.①S826

中国版本图书馆 CIP 数据核字(2015)第 172106 号

责任编辑 崔改泵
责任校对 马广洋

出 版 者 中国农业科学技术出版社
北京市中关村南大街 12 号 邮编:100081
电 话 (010)82109194(编辑室) (010)82109702(发行部)
(010)82109709(读者服务部)
传 真 (010)82106650
网 址 http://www.castp.cn
经 销 者 各地新华书店
印 刷 者 北京富泰印刷有限责任公司
开 本 850mm×1 168mm 1/32
印 张 6.5
字 数 163 千字
版 次 2015 年 8 月第 1 版 2016 年 7 月第 3 次印刷
定 价 26.80 元

《科学养羊实用新技术》

编 委 会

主　编　蔡志斌　吕春和　廖世才

副主编　李树桐　章小娟　王丽娜　刘金平

编　委　唐　维　王伟华

目　录

第一章　羊的经济类型与品种

第一节　绵羊的经济类型

全世界现有绵羊品种600多个，按其生产用途和方向可分为细毛羊、半细毛羊、粗毛羊和毛皮用羊4种经济类型。

一、细毛羊

细毛羊全身披满绒毛，产毛量高，腹下毛拖至地面，毛丛结构良好，呈闭合型，毛绒有较小而密的半圆形弯曲，毛长8～12厘米，细度达60～64支。细毛羊分为毛用、毛肉兼用和肉毛兼用3种。

(1)毛用细毛羊。毛用细毛羊每千克体重可产净毛50克以上，公羊有发达的螺旋形角，母羊无角，颈部有2～3个皱褶，体躯有明显皱褶，头和四肢绒毛覆盖度好，产净毛较多。如苏联美利奴羊、澳洲美利奴羊及中国美利奴羊等。

(2)毛肉兼用细毛羊。毛肉兼用细毛羊每千克体重可产净毛40～50克，绝对产毛量不低于毛用细毛羊。此种羊体格较大，肌肉发达，公羊有螺旋形角，颈部有1～2个皱褶。母羊无角，颈部有发达的纵皱褶。如引入的高加索羊和我国育成的新疆细毛羊、东北细毛羊、内蒙古细毛羊、敖汗细毛羊等。我国育成的品种耐粗饲、耐寒暑、适应性好、抗病力强，但其外貌的一致性、产毛量及毛的品质等方面还有待改进和提高。

(3)肉毛兼用细毛羊。肉毛兼用细毛羊体躯宽深，肌肉发达。颈部和体躯缺乏皱褶，较早熟，每千克体重产净毛30～40克，屠宰率50%以上，如德国美利奴羊等。

二、半细毛羊

半细毛羊品种分为3类，第一类为我国地方良种，如同羊和小尾寒羊，其羊毛品质接近半细毛羊，但产毛量低于现代育成的半细毛羊。第二类为早熟肉用半细毛羊，此品种大部分由英国育成，可分为中毛肉用羊和长毛肉用羊，前者早熟、肉质优美、屠宰率高、毛细而短，后者毛较粗、长，肉用性能良好。第三类为杂交型半细毛羊，是以长毛种半细毛羊和细毛羊为基础杂交育成的，如考力代羊等。

三、粗毛羊

粗毛羊的被毛为异质毛，由多种纤维类型所组成(包括无髓毛、两型毛、有髓毛、干毛及死毛)。粗毛羊均为地方品种，缺点为产毛量低、羊毛品质差、工艺性能不良等，但也具有适应性强、耐粗放的饲养管理及严酷的气候条件、皮和肉的性能好等优点，特别是夏秋牧草丰茂季节的抓膘能力强，并能在体内贮积大量脂肪供冬春草枯季节消耗用，如蒙古羊、西藏羊、哈萨克羊等。

四、毛皮用羊

主要用于生产毛皮，耐干旱、炎热和粗饲，如卡拉库尔羊、湖羊、滩羊。

第二节　羊的主要品种

一、绵羊的主要品种

（一）细毛羊品种

（1）澳洲美利奴羊。原产于澳大利亚和新西兰，是世界上最著名的细毛羊品种。

澳洲美利奴羊体型近似长方形，腿短，体宽，背部平直，后躯肌肉丰满，公羊颈部有1～3个发育完全或不完全的横皱褶，母羊有发达的纵皱褶。该品种羊的毛被、毛丛结构良好，毛密度大，细度均匀，油汗白色，弯曲均匀、整齐而明显，光泽良好。羊毛覆盖头部至两眼连线，前肢至腕关节或以下，后肢至飞节或以下。根据体重、羊毛长度和细度等指标的不同，澳洲美利奴羊分为超细型、细毛型、中毛型和强毛型4种类型，而在中毛型和强毛型中又分为有角系与无角系两种。

细毛型品种，成年公羊体重60～70千克，产毛量7.5～8.5千克，细度64～70支，长度7.5～8.5厘米；成年母羊，剪毛后体重33～40千克，细度64～70支，长度7.5～8.5厘米；产毛量7.5～8.5千克。

（2）波尔华斯羊。原产于澳大利亚维多利亚州的西部地区。成年公羊体重56～77千克，成年母羊45～56千克；成年公羊剪毛量5.5～9.5千克，成年母羊3.6～5.5千克，毛长10～15厘米，细度58～60支，弯曲均匀，羊毛匀度良好。

（3）苏联美利奴羊。产于前苏联，是前苏联数量最多、分布最广的细毛羊品种。主要分为两个类型：毛肉兼用型和毛用型。毛肉兼用型羊很好地结合了毛和肉的生产性能，有结实的体质和对西伯利亚严酷自然条件很好的适应性能，成熟较早。毛用型羊产毛量高，羊毛的细度、强度、匀度等品质均比较好；但羊肉品质和早熟性较差，体格中等，剪毛后体躯上可见小皱褶。苏联美利奴成年公羊的体重平均为101.4千克，母羊54.9千克；成年公羊剪毛量平均为16.1千克，母羊7.7千克。毛长8～9厘米，细度54支左右。

(4)中国美利奴羊。原产于新疆维吾尔自治区(全书简称新疆)、内蒙古自治区(全书简称内蒙古)和吉林省。按育种场所在地区分为新疆型、新疆军垦型、科尔沁型和吉林型。

中国美利奴羊的育种工作从1972年开始，主要是以澳洲美利奴公羊与波尔华斯母羊杂交，在新疆地区还选用了部分新疆细毛羊和军垦细毛羊的母羊参与杂交育种。经过13年的努力，于1985年育成，同年经国家经委命名为“中国美利奴羊”。这是我国培育的第一个毛用细毛羊品种。

中国美利奴羊体质结实、体型呈长方形。头毛密长、着生至眼线，外形似帽状。鬐甲宽平、胸宽深、背平直、尻宽面平，后躯丰满。臁部皮肤宽松，四肢结实，肢势端正。公羊有螺旋形角，少数无角，母羊无角。公羊颈部有1～2个横皱褶，母羊有发达的纵皱褶。无论公、母羊体躯均无明显的皱褶。被毛呈毛丛结构，闭合良好，密度大，全身被毛有明显的大、中弯曲。细度60～64支，毛长7～12厘米，各部位毛丛长度和细度均匀，前肢着生至腕关节，后肢至飞节，腹毛着生良好。成年公羊剪毛后体重91.8千克，原毛产量17.37千克；成年母羊剪毛后体重40～45千克，原毛产量6.4～7.2千克。

(5)新疆毛肉兼用细毛羊。简称新疆细毛羊，产于新疆维吾尔自治区(简称新疆)。于1954年在新疆巩乃斯种羊场育成，是我国育成的第一个毛肉兼用细毛羊品种。

新疆细毛羊公羊大多数有螺旋形角，母羊无角。公羊的鼻梁微有隆起，母羊鼻梁呈直线或几乎呈直线。公羊颈部有1～2个完全或不完全的横皱褶，母羊颈部有一个横皱褶或发达的纵皱褶。体躯无皱褶，皮肤宽松，体质结实，结构匀称，胸部宽深，背直而宽，肢势端正。被毛白色，闭合性良好，有中等以上密度。有明显的正常弯曲，细度为60～64支。体侧部12个月毛长在7厘米以上，各部位毛的长度和细度均匀。细毛着生头部至眼线，前肢至腕关节，后肢达飞节或飞节以下，腹毛较长，呈毛丛结构，没有环状弯曲。成年公羊体重93.6千克，剪毛量12.42千克；成年体重母羊48.29千克，剪毛量5.46千克。

(6)东北毛肉兼用细毛羊。简称东北细毛羊。产于我国东北三省，内蒙古、河北等华北地区也有分布。

东北细毛羊体质结实，体格大，体形匀称。体躯无皱褶，皮肤宽松，胸宽紧，背平直，体躯长，后躯丰满，肢势端正。公羊有螺旋形角，颈部有1～2个完全或不完全的横皱褶。母羊无角，颈部有发达的纵皱褶。被毛白色，闭合良好，有中等以上密度，体侧部12个月毛长7厘米以上(种公羊8厘米以上)，细度60～64支。细毛着生到两眼连线，前肢至腕关节，后肢达飞节，腹毛长度较体侧毛长度相差不少于2厘米。呈毛丛结构，无环状弯曲。成年公羊剪毛后体重99.31千克，剪毛量14.59千克；成年母羊体重为50.62千克，剪毛量5.69千克。

(7)青海毛肉兼用细毛羊。简称青海细毛羊，采用复杂育成杂交于1976年培育而成。

青海细毛羊体质结实，结构匀称，公羊多有螺旋形的大角，母羊无角或有小角，公羊颈部有1～2个明显或不明显的横皱褶，母羊颈部有纵皱褶。细毛着生头部到眼线，前肢至腕关节，后肢达飞节。被毛纯白，弯曲正常，被毛密度密，细度为60～64

支。成年种公羊剪毛前体重 80.81 千克，毛长 9.62 厘米，剪毛量 8.6 千克，成年母羊剪毛前体重 64 千克，毛长 8.67 厘米，剪毛量 6.4 千克。

(二)半细毛羊品种

(1)夏洛来羊。原产于法国。胸宽而深，肋部拱圆，背部肌肉发达，体躯呈圆桶状，肉用性能好。被毛同质、白色。毛长4～7 厘米，毛纤维细度 50～58 支。成年公羊剪毛量 3～4 千克，成年母羊 1.5～2.2 千克。

夏洛来羊生长发育快，一般 6 月龄公羊体重 48～53 千克，母羊 38～43 千克。成年公羊体重 100～150 千克，成年母羊 75～95 千克。胴体质量好，瘦肉多，脂肪少。产羔率高，经产母羊为 182.37%，初产母羊为 135.32%。

夏洛来羊采食力强，不挑食，易于适应变化的饲养条件。

(2)茨盖羊。茨盖羊原产于前苏联的乌克兰地区。羊体质结实，体格大。公羊有螺旋形角，母羊无角或只有角痕。胸深，背腰较宽而平。毛被覆盖头部至眼线。毛色纯白，少数个体在耳及四肢有褐色或黑色斑点。成年公羊体重为 80.0～90.0 千克，剪毛量 6.0～8.0 千克；成年母羊体重 50.0～55.0 千克，剪毛量 3.0～4.0 千克。毛长 8～9 厘米，细度 46～56 支。

(3)罗姆尼羊。原产于英国东南部的肯特郡，又称肯特羊。该品种羊四肢较高，体躯长而宽，后躯比较发达，头型略显狭长，头、肢被毛覆盖较差，体质结实，骨骼坚强，放牧游走能力好。新西兰罗姆尼羊为肉用体型，四肢矮短，背腰平直，体躯长，头、肢被毛覆盖良好，但放牧游走能力差，采食能力不如英国罗姆尼羊。

(4)同羊。也叫同州羊。体质结实，体躯侧视呈长方形。公羊体重 60～65 千克，母羊体重 40～46 千克。头颈较长，鼻梁微隆，耳中等大。公羊具小弯角，角尖稍向外撇，母羊约半数有小角或栗状角。前躯稍窄，中躯较长，后躯较发达。四肢坚实而较高。尾大如扇，有大量脂肪沉积，以方形尾和圆形尾多见，另有三角尾、小圆尾等。全身主要部位毛色纯白，部分个体眼圈、耳、鼻端、嘴端及面部有杂色斑点或少量杂色毛，面部和四肢下部为刺毛覆盖，腹部多为异质粗毛和少量刺毛覆盖。基本为全年发情，仅在酷热和严寒时短期内不发情。性成熟期较早，母羊5～6月龄即可发情配种，怀孕期145～150天。平均产羔率190%以上。每年产2胎，或2年产3胎。

(5)小尾寒羊。主要分布在山东省和河北省境内。该品种羊生长发育快，早熟，肉用性能好，是进行羊肉生产特别是肥羔生产的理想品种，被毛白色者居多、异质。成年公羊体重94.15千克，成年母羊48.75千克。该品种具有早熟、多胎、多羔、生长快、体格大、产肉多、裘皮好、遗传性稳定和适应性强等优点。母羊一年四季发情，通常是两年产3胎，有的甚至是一年产两胎，每胎产双羔、三羔者屡见不鲜，产羔率平均270%，居我国地方绵羊品种之首。

(三)粗毛羊

(1)蒙古羊。为我国三大粗毛羊品种之一。是我国分布最广的一个绵羊品种，原产于内蒙古自治区，主要分布在内蒙古自治区，其次在东北、华北、西北地区的各省区。成年公羊体重69.7千克，剪毛量1.5～2.2千克；成年母羊54.2千克，剪毛量1～1.8千克。

(2)西藏羊。又称藏羊，原产于青藏高原，主要分布在西藏、青海、甘肃、四川及云南、贵州两省的部分地区。

藏羊体躯被毛以白色为主，被毛异质，两型毛含量高，毛辫长，弹性大，光泽好，以“西宁大白毛”而著称，是织造地毯、提花毛毯、长毛绒等的优质原料，在国际市场上享有很高的声誉。成年公羊体重44.03～58.38千克，成年母羊38.53～47.75千克。剪毛量，成年公羊1.18～1.62千克，成年母羊0.75～1.64千克。母羊每年产羔一次，每次产羔一只，双羔率极少。

藏羊由于长期生活在较恶劣的环境下，具有顽强的适应性，体质健壮，耐粗放的饲养管理等优点，同时善于游走放牧，合群性好。但产毛量低，繁殖率不高。

(3)哈萨克羊。原产于新疆维吾尔自治区，主要分布在新疆境内，甘肃、新疆、青海三省(区)交界处也有分布。

哈萨克羊毛色杂，被毛异质。成年公羊体重60.34千克，剪毛量2.03千克；成年母羊体重体重45.8千克，剪毛量1.88千克。

哈萨克羊体大结实，耐寒耐粗饲，生活力强，善于爬山越岭，适于高山草原放牧。脂尾分成两瓣高附于臀部。

(四)毛皮用羊

(1)卡拉库尔羊。原产于前苏联中亚地区。毛以黑色为主，彩色卡拉库尔羔皮尤为珍贵。卡拉库尔羊耐干旱、耐炎热、耐粗饲。

(2)湖羊。产于浙江、江苏的太湖地区。湖羊生长快、早熟、繁殖力强、泌乳量高，平均产羔率207.5%。耐高温、高湿，适应性和抗病力强，生后1～2天剥取的湖羊羔皮品质优良。成年公羊产毛量2千克，母羊产毛量1.2千克，毛长5～7厘米，毛白色。

(3)滩羊。产于宁夏及邻近地区，属二毛裘皮羊品种。滩羊耐粗耐旱，产羔率为101%～103%，春秋两季剪毛量平均公羊为1.60～2.0千克，母羊1.50～1.80千克。滩羊毛是我国传统出口商品，其肉细嫩无膻味。

二、山羊的主要品种

我国饲养的山羊品种繁多，可分为乳用山羊、裘羔皮用山羊、肉绒用山羊和普通山羊。

（一）萨能山羊

原产于瑞士，是世界著名的乳用山羊，国内外许多奶山羊都含有其血统，在我国饲养表现良好。

萨能羊全身白色或淡黄色，轮廓明显，细致紧凑，公母羊均无角有须，公羊颈粗短，母羊颈细长扁平，体躯深广，背长直、乳房发育良好。成年公羊体重 75～100 千克，母羊 50～60 千克，产羔率 160％～220％，泌乳期 8～10 个月，年产乳量 600～700 千克，乳脂率 3.2％～4.2％。

（二）关中奶山羊

产于陕西省关中地区。系用萨能山羊与本地母山羊杂交育成的品种。其外形似萨能山羊，成年公羊体重 85～100 千克，母羊 50～55 千克，泌乳 6～8 个月，年产奶量 400～700 千克，乳脂率 3.5％左右，产羔率 160％左右，经选育，质量有显著提高。

（三）中卫沙毛山羊

产于中国宁夏、甘肃，是世界上唯一珍贵的裘皮山羊品种。中卫山羊体躯短深，体质结实，耐粗饲，耐寒暑，抗病力强。公母羊均有角和须，公羊角大呈半螺旋形的捻状弯曲，母羊角呈镰刀状。中卫山羊以两型毛为主，成年公羊体重为 54.25 千克左右，产绒量 164～200 克；成年母羊体重为 37 千克左右，产绒量 140～190 克，屠宰率 46.4％，产羔率 106％。

（四）辽宁绒山羊

产于辽东半岛。体质结实，结构匀称，被毛纯白，成年公羊平均产绒540克，母羊产绒470克，绒长5.5厘米，属我国产绒量最高的品种。产肉性能较好，屠宰率50%左右，净肉率35%～37%，产羔率为110%～120%。近年来经杂交改良，产绒量有显著提高。

（五）内蒙古绒山羊

原产于内蒙古自治区。该品种公、母羊均有角，体躯较长，紧凑。全身被毛白色，分为长细毛型和短粗毛型，以短粗毛型的产绒量为高。成年公羊体重45～52千克，产绒量400克；成年母羊36～45千克，产绒量360克。多产单羔，产羔率100%～105%。屠宰率40%～50%。

第二章　羊的生物学特性

第一节　羊的生物学特性

一、绵羊的生物学特性

(一)合群性强

绵羊的合群性很强,特别是粗毛羊。绵羊的合群性主要通过视、听、嗅、触等感官活动,传递和接受各种信息,以保持和调整群体成员之间的活动。放牧中,可将羊群撒得很开不加约束,任其自由采食,只在必要时用口令或鞭声来指挥羊群。因此,利用绵羊合群性强的特点,易于驱赶、管理和组建新群。

(二)采食性广

绵羊嘴唇尖、舌灵齿利,对采食地面低草、小草、灌木枝叶很有利,把羊群放牧于牛、马已放过的牧地上,可有效地利用草场。绵羊胃肠等消化器官特别发达,能充分利用粗饲料。

(三)适应性强

绵羊比其他家畜有更强的适应性。绵羊的耐寒性、耐粗性及抗病力强。细毛羊对干燥、寒冷的环境比较适应,对湿热则不适应;早熟长毛种绵羊具有较好的抗湿热、抗腐蹄病的能力,对寒冷、干燥的气候和缺乏多汁饲料的饲养条件则不能很好地适应。

(四)性情温驯、胆小易惊

绵羊较其他家畜温驯,易于放牧管理。绵羊胆小,突然的惊吓容易"炸群"四处乱跑,遇到狼等敌害毫无反抗能力。所以,放牧时应加强管理。

二、山羊的习性

山羊与绵羊有许多共同的特性,但也有其独特的习性。

(一)性格活泼好动

山羊行动敏捷,喜欢登高,善于游走,在其他家畜难以到达的陡坡上,也可以行动自如地采食,当高处有其喜食的牧草或树枝(叶)时,能将前肢攀在岩石或树干上,甚至前肢腾空后肢直立地采食。

(二)合群性强

大群放牧时,羊群中只要有训练好的头羊带领,头羊可以按照发出的口令,带领羊群向指定的路线移动,个别羊离群后,只要给予适当的口令就会很快跟群,放牧就极为便利。

(三)爱清洁、喜干燥

山羊嗅觉灵敏,在采食草料前,总要用鼻子嗅嗅再吃。往往宁可忍饥挨渴也不愿吃被污染、践踏或发霉变质有异味的饲料和饮水。因此,饲喂山羊的饲料和饮水必须清洁、新鲜。

山羊喜欢干燥的生活环境,舍饲的山羊常常站立在较高燥的地方休息。长期潮湿低洼的环境会使山羊感染肺炎、蹄炎及寄生虫病,因此,山羊舍应建立在地势高燥、背风向阳、排水良好的地点。

(四)山羊嘴尖、唇薄、牙齿锐利

山羊的采食能力强,利用饲料的种类也广,尤其对粗饲料的消化利用较其他家畜高。山羊特别喜欢采食树叶、树枝。因此,很适宜在灌木林地放牧,对充分利用自然资源有着特殊的价值。美国、澳大利亚及非洲一些国家利用山羊的这一习性来控制草场上的灌木蔓延。

(五)适应性强

山羊对不良的自然环境条件有很强的适应性。从热带、亚热带到温带、寒带地区均有山羊分布,许多不适于饲养绵羊的地方,山羊仍能很好生长。耐暑热,在天热高温情况下能继续采食。耐饥寒,在越冬期内同一不良环境条件下,山羊的死亡率低于绵羊。

第二节　羊的消化特点

羊是反刍动物,其胃由瘤胃、网胃、瓣胃和皱胃组成。其中瘤胃容积最大,内有大量纤毛虫和细菌等有益微生物。羊的瘤胃如一个巨大的生物发酵罐,具有贮藏、浸泡、软化粗饲料的作用。瘤胃中独特的微生态环境为微生物的繁殖创造了有益的条件。瘤胃微生物与羊体是共生作用,彼此有利,利用微生物可分解粗纤维,提高粗饲料的利用率;可将饲料中的非蛋白氮合成菌体蛋白;依赖微生物能合成维生素 B_1、维生素 B_2、维生素 B_{12} 及维生素 K。

哺乳期的羔羊,瘤胃微生物区系尚未形成,没有消化粗纤维的能力,不能采食和利用草料,所吮母乳直接进入真胃(皱胃),进行消化。羔羊在 20 天左右时开始出现反刍活动,对草料的消化分解能力开始加强。所以出生羔羊在10天以后逐渐训练采食干草，可促进瘤胃的发育。

羊的小肠是羊体消化吸收的主要器官，它是羊体长的25～30倍，故羊的消化吸收能力强，提高了羊对营养物质的吸收能力。

第三节　山羊、绵羊的习性特点

一、山羊生活习性

山羊是人类最早驯养的家畜种类之一。在自然生态环境条件的影响和人类有意识或无意识的选择和培育下，全世界已形成了数百个山羊品种，已知山羊品种和品系有200多个，其中纯属肉用方向的品种约占10%。但同其他家畜相比，山羊自驯养以来得到的饲养和管理条件不佳，这使得山羊的某些原始特性在一定程度上得以保留和延续，形成独特的行为习性。

(1)好动性。山羊勇敢活泼，敏捷机智，喜欢登高，善于游走，属活泼型小反刍动物，爱角斗。

(2)觅食性强。山羊的觅食力强，食性杂，能食百样草，对各种牧草、灌木枝叶、作物秸秆、菜叶、果皮、藤蔓、农副产品等均可采食，其采食植物的种类较其他家畜广泛。据对5种家畜饲喂植物的试验，山羊能采食的植物有607种，不采食的有83种，采食率为88%，高于绵羊、牛、马、猪的采食率(分别为80%、64%、73%和46%)。在饲草匮乏的情况下，山羊觅食力较强。在荒漠、半荒漠地区，牛不能利用的多数植物，山羊也能有效利用。山羊的采食时间大多集中在白天，日出时开始采食，但并不连续采食，而是在每天的一定时间内摄食量大，而在其他时间进行反刍、休息。据测定，每天清晨和黄昏，山羊的采食量最大。因此，在舍饲或半舍饲半放牧时，应集中在这两个时段投饲草料。供给山羊的草料应多样化，且需少食多餐。

(3)合群性。山羊具有较强的合群性。无论放牧还是舍饲，山羊总喜欢在一起活动，其中，年龄大、后代多、身强体壮的羊担任“头羊”的角色。在头羊带领下，其他羊只顺从地跟随其出入、起卧、过桥及通过狭窄处。

(4)多胎性。山羊性成熟早，繁殖力强，具有多胎多产的特点。如济宁青山羊、奶山羊等品种每胎可产羔 2～3 只，平均产羔率 200%以上，双羔率比绵羊高得多。山羊的多胎性使其繁殖效率远大于绵羊，为自繁自养、发展肉羊规模养殖创造了条件。

(5)喜洁性。山羊喜清洁、爱干燥，厌恶污浊、潮湿，其嗅觉高度发达，采食前总是先用鼻子嗅一嗅，凡是有异味、沾有粪便或腐败的饲料，被污染的饮水或被践踏过的草料，山羊宁愿受渴挨饿也不采食。因此，羊场应选择在干燥、通风、向阳的地方，喂给的草料要少给勤添，饮水要放在水槽或水盆里，及时更新、清洗器具，保持饮水清洁卫生。

(6)早熟性。早熟性是山羊一个重要的生理特征。表现在性成熟和体成熟较早。北方大部分绒用、肉用山羊的性成熟年龄在 4～6 月龄，南方大部分山羊品种性成熟年龄在 2～4 月龄。黄淮山羊、马头山羊在生后 4～6 个月龄就能发情配种，母羊在周岁龄内就能产羔，济宁青山羊在 2 月龄就开始有发情表现。性成熟早，初情适龄提前，世代间隔缩短，有利于扩繁增殖，早投产早见效。体成熟指生长发育基本完成，获得了成年羊应具有的形态和结构的年龄。体成熟比性成熟晚，大部分山羊品种达到成年体重的 60%～70%为体成熟，母羊在 6 月龄后，公羊一般在1～1.5岁。南江黄羊周岁公羊体重达成年公羊体重的56%，而周岁母羊达成年母羊的73%。由于体成熟早、早期生长快，缩短了生产周期，非常适于羔羊肉生产。

(7)肉用山羊体重大，生长快、胴体品质好。例如，波尔山羊成年公羊体重为80～100千克，母羊为60～75千克；南江黄羊成年公、母羊平均体重分别为66.87千克和45.64千克；马头山羊成年公、母羊平均体重分别为43.81千克和33.7千克。

二、绵羊的生活习性

1. 绵羊与山羊有许多相同或相近的习性。比如合群性强，受到侵扰时互相依靠和拥挤在一起，驱赶时有跟“头羊”的行为，并发出保持联系的叫声。有较强觅食能力，饲料利用范围广，绵羊嘴较窄、嘴唇薄而灵活、牙齿锋利，能啃食接触地面的短草，多种牧草、灌木、农副产品以及禾谷类籽实等均能利用，绵羊对植物的采食率仅低于山羊，达到80%，对粗纤维的利用率可达50%～80%。还有爱清洁、喜干燥怕湿热、嗅觉和听觉灵敏、抗病力强等特点。

2. 独有特性

一是性情温驯，胆小易惊。绵羊性情温驯，在各种家畜中是最胆小的畜种，自卫能力差，受突然惊吓时容易“炸群”。羊一受惊就不易上膘，管理人员平常对羊要和蔼，不应高声吆喝，不要随意捕捉、拍打，以免引起惊吓。

二是怕热不怕冷，忌扎窝。由于绵羊毛被较厚、体表散热较慢故怕热不怕冷，夏季炎热时，常有“扎窝子”现象。即羊将头部扎在另一只羊的腹下取凉，互相扎在一起，越扎越热，越热越扎挤在一起，很容易引起伤亡。所以，羊养殖时夏季应设置防暑措施，防止扎窝子，羊场要有遮阴设备，可栽树或搭遮阴棚，方便羊只休息乘凉。

三是喜光怕黑。这就是羊群由暗处往明处驱赶容易，由明处往暗处驱赶较难的原因。因此，羊舍中要有照明设备。

四是对疾病反应不太敏感。患病初期一般没有明显的症状，仅有采食不积极、不反刍等表现，往往病得很严重时才表现出来，因此需要平时注意观察，及时发现及早诊治。

第三章　羊的饲养管理技术

第一节　舍饲羊场的圈舍建设要点和设施设备

根据羊只的习性、生产流程及舍饲要求，要正确选择场址，合理安排圈舍布局，以满足生产的需要。

一、圈舍场址的选择

(1)背风向阳，地势高燥。冬暖夏凉的环境是羊只最适合的生存环境，所以羊舍选址要求地势较高，排水良好，通风干燥，向阳避风，位于居民区下风向。

(2)土质应选择透水性好的沙质土壤。

(3)水源有保证，四季供水充足，无污染。

(4)电力、通讯、交通较为便利，但考虑到防疫的需要，羊场与主要交通干线的距离不应少于300米。

二、羊舍设计与建筑

(一)羊舍与运动场的建设标准

羊舍建设面积：种公羊：绵羊1.5～2.0平方米/只，山羊2.0～3.0平方米/只；怀孕或哺乳母羊：2.0～2.5平方米/只；育肥羊或淘汰羊可掌握在0.8平方米/只左右。

运动场(敞圈)建设面积：种公羊绵羊一般平均5～10

平方米/只、山羊 10～15 平方米/只。种母羊绵羊平均 3 平方米/只、山羊 5 平方米/只；产绒羊 2～2.5 平方米/只；育肥羊或淘汰羊 2 平方米/只。

(二)羊舍的建造形式

1. 双坡式羊舍

这是我国养羊业较为常见的一种羊舍形式，可根据不同的饲养方式、饲养品种及类别，设计内部结构、布局和运动场。羊舍中脊高度一般为 2.5 米以上，后墙高度为 1.8 米，舍顶设通风口，门宽 0.8～1.2 米，以羊能够顺利通过而不致拥挤为宜，怀孕母羊及产羔母羊经过的舍门一定要宽，一般为 2～2.5 米，外开门。羊舍的窗户面积为占地面积的 1/15，并要向阳。羊舍的地面要高出舍外地面 20～30 厘米，地面最好是用三合土夯实或用沙性土做地面。

2. 半坡式或后坡长前坡短暖棚式羊舍

适合于饲养绒山羊，塑料暖棚式羊舍后斜面为永久性棚舍，利于夏季防雨、遮阴；前坡前半部分敞开，冬季搭上棚架、扣上塑料薄膜成为暖棚，可以防寒保暖；夏季去掉棚膜成为敞棚式羊舍。设计一般为中梁高 2.5 米、后墙内净高 1.8 米、前墙高 1.2 米。两侧前沿墙(山墙的敞露部分)上部垒成斜坡，坡度也就是塑料大棚的扣棚角度(棚面与地面的夹角)，下限为春分节气时太阳高度角的余角，上限为冬至节气时太阳高度角的余角。以河北省承德市为例，所处纬度 41°，春分时太阳高度角为 49°(90－41＋0，春分节气赤道纬度为 0°)，扣棚角度最小为 41°；冬至节气时太阳高度角为 25.5°(90－41－23.5，春分节气赤道纬度为－23.5°)，扣棚角度最大为 64.5°，所以，该地区塑料大棚的扣棚角度应在 41°至 64.5°。敞圈以羊舍中梁、前墙及两侧前沿墙为底平面，用竹片或钢筋搭成坡形或拱形支架，作为冬季扣棚之用。在羊舍一侧山墙上开一个高1.8米、宽1.2米的小门，供饲养人员出入，在前墙留有供羊群出入运动场的门。

棚膜为单层或双层0.02～0.05毫米农用塑料薄膜，以无滴膜为好。扣棚时间一般在11月下旬至次年4月上旬。扣棚面积一般占总面积的1/3。塑料棚绷紧拉平，四边压实不透风。暖棚要设有换气孔或换气窗，可于晴朗天气打开，以排除污浊空气，换取新鲜空气并保持相对湿度。及时清理棚面积雪积霜，阴雪天或严冬季节夜间用草帘、棉帘、麻袋等将棚盖严。注意每日定时清理羊舍地面更换垫土，保持干燥清洁。冬季舍内温度一般应保持在5～10℃为宜，最低不应低于－5℃，最高不高于15℃。

三、羊舍配套设施

1. 饲料槽、水槽

饲料槽是舍饲养羊的必备设施，用它喂羊既节省饲料，又干净卫生。可以用砖、石头、水泥等砌成固定的饲槽，也可用木头等材料做成移动的饲槽。固定式饲槽有两种形式：一种是圆形饲槽。中央砌成圆锥形体，饲槽围绕锥体一周，在槽外沿砌一带有采食孔的、高50～70厘米的砖墙，可使羊分散在槽外四周采食；一种为长条形食槽，在食槽一边（站羊的一边）砌成可使羊头进入的带孔砖墙或用木头、钢筋等做成带孔的栅栏，供羊采食；栅栏孔最好做成大小可以调节。哺乳母羊舍应在栅栏孔改建为有密栏的活栅门，平时关闭，只在母羊进食时开启，以防羔羊钻跳饲槽。饲槽上宽下窄，槽底呈半圆形，大致规格上宽50厘米、深20～25厘米，离地高度40～50厘米。槽长依羊只数量而定，一般可按每只大羊30厘米，每只羔羊20厘米设计。若一面栅栏的槽位总长度不够用,可依托连续的两面栅栏建槽。

移动式长条形饲槽主要用于冬春舍饲期妊娠母羊、泌乳母羊、羔羊、育成羊和病弱羊的补饲。常用厚木板钉成或镀锌铁皮制成,制作简单,搬动方便,尺寸可大可小,视补饲羊只的多少而定。为防羊只践踩或踏翻饲槽,可在饲槽两端安装临时性的能装拆的固定架。还有一种悬挂式饲槽,适于断奶前羔羊补饲用。制作时可将长方形饲槽两端的木板加高 30 厘米,在上部各开一个圆孔,从两孔中插入一根圆木棍,用绳索拴牢在圆木棍两端,将饲槽悬挂于羊舍补饲栏上方,离地高度以羔羊采食方便为准。

运动场应设有水槽,一般固定在羊舍或运动场上,可用镀锌铁皮制成,也可用砖、水泥制成,在其一侧下部设置排水口,利于清洗换水。水槽周围地面铺砌砂石或砖。较大型羊场采用自动化饮水器,以适应集约化生产的需要。饮水器有浮子式和真空泵式两种,其原理是通过浮子的升降或真空调节器来控制饮水器中的水位,随着羊只饮水不断进行补充,使水质始终保持新鲜清洁。一般每 3 米安装 1 个。其优点是羊只饮水方便,减少水资源的浪费,可保持圈舍干燥卫生,减少各种疾病的发生。

2. 供草架

羊喜清洁、吃净草,利用草架喂羊,可防止羊践踏饲草,减少浪费,还可减少羊只感染寄生虫病的机会。供草架是用来饲喂长草的,盛草用具可以用木材、竹条、钢筋等制作。草架的长度,按成年羊每只 30～50 厘米、羔羊 20～30 厘米计算。常见的供草架有 2 种。

(1)单面供草架。先用砖、石头砌成一堵墙,或直接利用羊圈的围墙,然后将数根 1.5 米以上的木杆或竹竿下端埋入土墙根底,上端向外倾斜 25°,并将各个竖杆的上端固定在一根横棍上,横棍的两端分别固定在墙上即可。

(2)木制活动供草架。先做一个高1米、长3米长方形的立体框,再用1.5米高的木条制成间隔12~18厘米"V"字形的装草架,最后将草架固定在立体木框之间即成。

3. 母仔栏和羔羊补饲栅

两块或两块以上栅栏通过合页连接而成的活动栅栏,用于在羊舍的一侧或角落,隔断出母羊及其羔羊独居使用的母仔间,这种活动栅栏称为母仔栏。每块栅栏高1米,长度1.2米或1.5米,板条横向排列,间距15厘米。

羔羊补饲栅。在母仔栏的基础上加以改造,栅栏竖向间距20厘米左右,栅上设圆边框的小门,用于围成羔羊补饲单独场地的设施。只有羔羊能够自由进出栅内,以阻止大羊入内抢食草料。

4. 分群栏

由许多栅栏连结而成,用于规模羊场进行羊只鉴定、分群、称重、防疫、驱虫等事项,可大大提高工作效率。在分群时,用栅栏在羊群入口处围成一个喇叭口,中部为一条比羊体稍宽的狭长通道,通道的一侧或两侧可设置3~4个带活动门的羊圈,这样就可以顺利分群,进行相关操作。

5. 堆草场、贮草贮料间、青贮窖/氨化池

在羊舍附件选择地势高燥、便于排水的地方,依托墙壁、土坎,以木栅或木桩铁丝网等材料围成的堆存干草、秸秆的场地称为堆草场。

草料间是专门用于贮存细碎草料和饲料粮的房舍。

青贮窖为当前普遍应用的青贮设施。北方地区地下水位低、冬季寒冷,宜采用地下式或半地下式。建筑地址应选择土质坚硬、排水良好、高燥、靠近畜舍、远离水源和粪坑的地方。可以

因地制宜、就地取材，简易的可建临时性土窖，将窖壁和底部捶紧夯实，窖底四角挖成半圆形，窖壁稍留斜度，于制作青贮前1～2天挖好，稍作晾晒即可使用；条件允许应建砖石、水泥结构的永久窖，多为圆形，底部呈锅底状（如为长方形，边角应砌成弧形），四壁光滑平展。一般窖底须高出地下水位0.5米以上。圆形窖直径与窖深之比1∶(1.5～2)为宜，其大小依据羊群规模、青贮料在舍饲饲料总构成中的比例、青贮原料供应条件等情况确定，并以2～3天内能装填完毕为限。参考尺寸：内直径2.7米、深3.5米，内容积20立方米，可贮制玉米秸10吨左右；内直径2.3米、深2.5米，内容积10立方米，贮制玉米秸其容量可达5吨左右；内直径2米、深2米，容积为6立方米，可贮制玉米秸青贮3吨左右。氨化池的建造可参照永久式青贮窖。

6. 药浴池

药浴池为长方形水沟状，用水泥筑成。池的深度约1米，长10米，底宽0.3～0.6米，上宽0.6～1.0米，以1只羊能通过而不能转身为度。药浴池入口前端接分群栏出口，羊群排队等候入浴，药浴池入口后端呈陡坡（以使羊只进入池中迅速浸湿、充分作用），在出口一端筑成缓坡，出口外端设滴流台，羊出浴后，在滴流台处停留一段时间，使身上的药液流回池内。为方便烧水配药，可在药浴池旁安装炉灶，而且要求附近应有水井或水源。

7. 磅秤及羊笼

为了解饲养管理情况，掌握羊只生长发育动态，肉羊场需要定期称测羊只体重。因此，羊场应在分群栏的通道入口处设置小型地磅秤和活动门羊笼，以方便称量羊只体重。

第二节　羊的品种和繁育改良技术

一、舍饲养羊品种选择

发展舍饲养羊，选好适合的品种十分重要。目前比较适宜舍饲圈养的绵羊品种有：小尾寒羊、德国美利奴羊、河北细毛羊，以及近年来从国外引进的夏洛来肉羊、无角多赛特羊和萨福克羊的杂交后代。山羊品种有：波尔山羊及杂交后代，绒山羊及杂交改良羊。下面重点介绍几个品种。

（一）绵羊品种

1. 小尾寒羊

小尾寒羊原产于冀、鲁、豫、苏、皖的平原地区，重点产区在山东省菏泽地区的梁山、郓城、巨野、鄄城等县。

小尾寒羊是我国优良的肉裘兼用型地方品种，具有体大腿高、生长发育快、早熟、繁殖率高，遗传性能稳定，适应性强等特点，适合舍饲圈养和拴养。

小尾寒羊 3 月龄公羔断乳体重平均 22 千克以上，母羔平均体重 20 千克以上，6 月龄公羔平均体重 38 千克以上，母羔 35 千克以上；周岁公羔平均体重 75 千克以上，母羔 50 千克以上；周岁羊屠宰率达到 55.6%，净肉率达到 45.8%。成年公羊平均体重 100 千克以上，最大体重可达 200 千克左右；成年母羊平均体重 55 千克以上，最大体重可达 110 千克。经产母羊一年可产两胎，一般为两年三胎，平均每胎产羔 3 只，高产母羊每胎可产 4～5 只，被称为“世界超级品种”，现已遍布我国北方各省区。

小尾寒羊根据被毛特征分为“粗毛型”、“细毛型”和“裘皮型”3种类型。

根据小尾寒羊不宜远牧、适合圈养的生理习性，其饲养方式以舍饲为主，对不同生理时期的羊按相应的饲养标准喂以全价饲料。在生产中，还应对小尾寒羊进行选优汰劣，做好纯繁选育工作，不断提高其生产性能。

小尾寒羊既具有早期生长快、耐粗饲、繁殖率高等优点，也有产肉率低和肉质较差的缺点，应利用小尾寒羊的优点，将其作母本，和肉用品种绵羊（无角多赛特、萨福克等）杂交，以提高其产肉性能。

2. 河北细毛羊

河北细毛羊是历经多年培育形成的优良毛肉兼用型地方品种，具有体格大、生长发育快，适应性强、耐寒、耐粗饲、抗病力强，遗传比较稳定等特点，品种主要产区在河北承德和张家口北部地区。

河北细毛羊成年公母羊体重分别为70千克、45千克左右，公母羔羊平均初生重分别为4.39千克、4.0千克；3月龄断乳平均体重分别为19.3千克、18.2千克；周岁公母羊平均体重分别为38.3千克、35.8千克。羊毛为白油汗，羊毛细度为60～64支纱，净毛率为45%左右，成年羊平均屠宰率为45.1%，净肉率为38.1%；母羊平均产羔率为110%。

河北细毛羊的发展方向：一是向超细毛型（19微米以下）方向培育，因为这种超细羊毛在国内、国际市场上比较畅销，而且价格也高，可通过本品种选育或导入外血进行培育。二是引入德美羊（肉毛兼用）对其改良，在不影响产毛量的同时提高其产肉率，使之由原来的毛肉兼用型向肉毛兼用型方向发展。饲养方式以舍饲为主，在草场面积较大、草资源较丰富的坝上草原区，在政策许可、草畜平衡的前提下，可采用夏秋轮牧、冬春舍饲的方式饲养。

3. 乌珠穆沁羊

乌珠穆沁羊,为脂尾肉用粗毛羊品种。产于内蒙古自治区锡林郭勒盟东部的乌珠穆沁草原而得名,主要分布在东乌珠穆沁旗和西乌珠穆沁旗,以及阿巴哈纳尔旗、阿巴嘎旗部分地区。乌珠穆沁羊体格大,体质结实,体躯深长,肌肉丰满。公羊多数有螺旋形角。耳宽长,鼻梁微拱。胸宽而深,肋骨拱圆。背腰宽平,后躯丰满。尾大而厚,尾宽过两腿、稍大于尾长,尾尖不过飞节,尾中部有一纵沟,稍向上弯曲。四肢端正,蹄质坚实。体躯被毛为纯白色,头部毛以黑、褐为主,约占62%,也有白色头或颈部黑色者,故有“黑头”羊之称。成年公羊体重为(74.43±7.15)千克,成年母羊(58.40±7.76)千克。乌珠穆沁羊一年剪毛两次,春季剪毛量为主,成年公羊平均为1.9千克,成年母羊平均1.4千克。其毛皮毛股柔软,具有螺旋形环状卷曲。初生和幼龄羔羊的毛皮,是制裘的好原料。乌珠穆沁羊具有适应性强、肉脂产量高、生长发育快、成熟早、肉质细嫩等优点,是一个有发展前途的肉脂兼用粗毛羊品种,适用于肥羔生产。

4. 德美羊

德美羊即德国美利奴羊,原产于德国。属肉毛兼用品种,适于牧区和半农半牧区饲养。

体型外貌:公母羊均无角,颈部及体躯无皱褶,体躯宽大、胸部宽深、背腰平直宽阔、肌肉丰满,后躯发育良好,四肢强健。被毛白色、密,皮肤细腻呈粉红色。德美羊对粗毛羊及低产细毛羊进行杂交改良效果明显,杂交一代改良细毛羊可在保持羊毛品质的同时改善羊肉品质、提高其产肉性能。

成年公母羊平均体高分别为75厘米、65厘米。成年公羊体重120～140千克，成年母羊体重70～80千克，10月龄公母羊可分别达到90千克和65千克；成年羊和肥羔的屠宰率可达到50%。繁殖性能：早熟，母羊10月龄即可初配，成年母羊产羔率200%。被毛密而长、弯曲明显。毛长公羊8～10厘米、母羊6～8厘米，细度58～64支纱（22～26微米），剪毛量成年公羊7～10千克、母羊4～5千克，净毛率44%～50%。

5. 无角道赛特羊

原产于澳大利亚和新西兰，其具有早熟，生长发育快，繁殖季节长，耐热，适应于干燥气候等特点。无角道塞特羊公、母羊均无角，颈粗短，胸宽深，背腰平直，后躯丰满、被毛白色。成年公、母羊体重分别为102～125千克和75～90千克。剪毛量4千克，产羔率120%～150%，是优秀的肉用绵羊终端杂交父本。

6. 萨福克羊

原产于英国。具有早熟，生长快，产肉性能好，母羊母性好，产羔率中等等特性。成年公羊体重为110～150千克，3月羔羊胴体重可达17千克，而且肉嫩脂少，适合羔羊肉生产；产羔率130%～150%。

7. 夏洛来羊

原产于法国的肉用羊品种。夏洛来羊头部无毛，脸部显粉红色或灰色，额宽、耳大；体宽深，背部平直，肌肉丰满，后躯宽大；两后肢距离大，肌肉发达，呈"U"字形，四肢较短。夏洛来羊成年公羊体重100～150千克，成年母羊75～95千克；羔羊生长发育快，6月龄公羊体重达48～53千克，母羔38～43千克；夏洛来羊胴体质量好，瘦肉多，脂肪少，屠宰率在55%以上；经产羊产羔率182%，初产羊产羔率135%，是生产肥羔的优良品种。

8. 杜泊羊

为世界著名的肉用羊品种，原产于南非。根据其头颈的颜色，分为白头杜泊和黑头杜泊两种。这两种羊体躯和四肢皆为白色，头顶部平直、长度适中，额宽，鼻梁隆起，耳大稍垂，既不短也不过宽。颈粗短，肩宽厚，背平直，肋骨拱圆，前胸丰满，后躯肌肉发达。四肢强健而长度适中，肢势端正，整个身体犹如一架马车。杜泊绵羊分长毛型和短毛型两个品系。长毛型羊生产地毯毛，适应较寒冷的气候条件；短毛型羊被毛较短（由发毛或绒毛组成），能较好地适应炎热和雨淋。

杜泊羊体高中等，体躯丰满，体重较大。成年公羊和母羊的体重分别在120千克和85千克左右。以产肥羔肉特别见长，胴体肉质细嫩、多汁、色鲜、瘦肉率高。杜泊羔羊生长迅速，3.5～4月龄的杜泊羊体重可达36千克，屠宰胴体重约为16千克，胴体品质优良。

（二）山羊品种

1. 波尔山羊

波尔山羊原产于南非。近年来我国的陕西、江苏、山东、四川、北京、河南、河北等省市也都先后引进波尔山羊进行纯繁和杂交改良本地山羊，均表现出较强的适应性和较显著的改良效果。

波尔山羊是世界上公认的优秀肉用山羊品种，具有以下特点。

（1）体形大。成年公羊体重一般可达90～100千克，最大的可达145千克以上；成年母羊体重达60～65千克，最大的达90千克以上。

（2）屠宰率高，出肉多。8～10月龄屠宰率为48%～50%，2

岁龄时屠宰率为52%,成年羊屠宰率达54%～56%,一只9月龄波尔山羊可出净肉16～18千克。

(3)肉质好。波尔山羊肉含脂肪少,瘦肉多、肉质细嫩、味道好,无论是烧、烤、涮、腌都鲜美无比。

(4)繁殖率高。波尔山羊平均产羔率为160%～200%,全年发情,二年产三胎,双羔率达60%。

(5)羔羊生长发育快。波尔山羊羔羊初生重3～4千克,3月龄断奶体重:公羔21.9千克以上,母羔20.5千克以上。

(6)饲料报酬高。波尔山羊羔羊在放牧条件下,6月龄平均体重30千克以上,平均日增重204克。6～9月龄羔羊平均日增重200克以上。

(7)适应性强,抗热、抗寒、抗干旱、抗病力强,目前世界上许多国家和地区引进该品种,对不同生态环境均表现出较强的适应性。

(8)性情温顺,群聚性强,抗病力强,易管理。

(9)板皮品质好。波尔山羊皮质地致密、坚实。

(10)对本地山羊改良效果显著。是目前世界上最好的肉用山羊杂交改良父本之一。用波尔山羊杂交改良承德本地山羊所产杂交一代羔羊初生重3千克以上,高的可达4.5千克以上,断奶体重:公羔可达19.8千克,母羔18.5千克;6月龄体重:公羔达30.7千克以上、母羔27.6千克以上;当年春羔到秋后出栏,8个月平均体重42千克以上,比同龄本地羔羊每只增重20千克以上,提高经济效益将近一倍。

2. 辽宁绒山羊

辽宁绒山羊是我国山羊中产绒量最高的优良品种,原产于辽东半岛的盖州(旧称盖县)、岫岩、庄河、凤城、宽甸等县,现已遍布大半个中国。

辽宁绒山羊成年公羊平均体重在40千克以上，最大体重可达70千克以上，平均产绒量在750克左右，高的达1 500克以上。成年母羊体重平均33千克以上，高的可达40千克以上，平均产绒量400克左右，高的在500克以上，母羊产羔率在110%以上，成年羊屠宰率42%以上，净肉率32%。

用辽宁绒山羊改良土种山羊，其后代产绒量可提高1～1.5倍。改良羊生长发育快，产肉性能出高于本地山羊，由于生产性能提高，经济效益明显高于本地山羊。

绒山羊原属放牧饲养的品种，但近年来许多地方进行了舍饲圈养驯化试验，实践证明，只要营养水平跟上去并且管理得法，舍饲圈养方式下生产性能不但不会降低，反而还能提高。

3. 南江黄羊

原产于四川省。南江黄羊体型较大，大多数公、母羊有角，头型较大，颈部较粗，背腰平直、后躯丰满、体躯近似圆桶形，四肢粗壮。被毛呈黄褐色，面部多呈黑色，鼻梁两侧有一条浅黄色条纹，从头顶至尾根部沿背有一条宽窄不等的黑色毛，前胸、肩、颈和四肢上段有黑而长的粗毛。成年公羊体重60千克，成年母羊41千克。其产肉性能好，早期屠宰利用率高。四季发情，繁殖力高，产羔率为187%～219%。

4. 萨能奶山羊

原产于瑞士，是世界著名的奶山羊品种。该品种羊具有乳用家畜特有的楔形体形。结构匀称，体质结实、轮廓明显、细致、紧凑，眼大鼻直，嘴齐、耳长、薄、向前伸。多数羊无角，有髯，有的有肉垂。成年公羊体重为98千克，成年母羊体重为62千克。一个泌乳期为300天左右各胎平均产乳量为800千克，其中，以第三胎次产乳量最高。母羊3～4月龄性成熟，6月龄、体重达

18.0～22.0千克时开始配种，发情多集中于9～10月，产羔率为200%。

二、羊的纯种繁育与杂交改良

（一）种羊的纯种繁育

(1)种公羊初次配种时间一般为8～10月龄。

(2)种公羊须在配种前一个半月加强饲养管理，按时做好排精（配种前4～5周每3天排1次，前2～3周为2天1次，前1周每日1次）和精液品质检查，如有缺陷应及时调整日粮和管理，以保证种公羊的配种有效性。

(3)对种公羊要严格执行作息时间表，定期测定体重和检查精液品质，科学掌握配种频率。

(4)加强对初配种公羊的调教。

(5)5～6岁后的种公羊要及时淘汰。

（二）羊的杂交改良

羊的杂交改良，就是充分利用本地品种资源丰富、适应性、繁殖力强的优势，同时又通过比较经济有效的方式引入专用品种的优良基因，定向提高羊生产性能的改良方式。杂交方法属于品种间杂交。绵羊杂交改良的方向主要为毛用、肉用、兼用，山羊杂交杂交改良的方向主要为绒用、肉用、乳用和兼用。比如，肉羊杂交改良后代具有增重快、饲养效率高、屠宰率高的优势；绒山羊杂交改良后代具有个体大、产绒性能好等优势。邱殿锐等(2003)用波尔山羊改良承德本地山羊，杂交一代10月龄公母羊平均体重分别达到34千克和29千克，分别较本地山羊提高44.7%和35.6%，断乳羔羊经3个月育肥，体重达到36.62千克，屠宰率达到50.4%，分别比本地山羊提高10个百分点和

20个百分点。吴宝玉等(1995)用辽宁绒山羊改良承德本地山羊,辽本杂交一、二、三代成年公母羊平均体重比本地羊提高9.3%～13.7%,产绒量提高112.2%～253%,杂交一代成年公羊平均产绒量在390克、杂交一代成年母羊平均产绒量267克,杂种二、三代羊主要性能指标已接近父本品种,绒长、绒细度获得明显改善。

(三)母羊繁育技术

1. 配种前后的饲养管理

(1)母羊的适宜初配年龄为10～12月龄,早熟品种,饲养管理条件好的母羊,配种年龄可稍早。

(2)母羊在配种前要搞好组群,提前一个月做好选种选配计划。

(3)母羊在参加配种前要加强营养,做到满膘配种,以提高受胎率和双羔率。

(4)母羊在配种前应完成各种预防注射和驱虫工作。

2. 母羊的发情周期和发情鉴定

母羊的发情周期,绵羊为14～21天,山羊为18～24天,母羊配种后自11天起至26天内,如再次发情,说明上次未怀上、可复配。母羊发情持续期,绵羊为30小时左右,山羊为24～48小时,排卵在发情后期。发情前期采用24小时间隔输精,后期采用12小时间隔输精,即早、晚或晚、次日早各一次。

通常情况下用试情公羊试情,一般每百只母羊配备3～4只试情公羊。试情时,试情公羊要戴试情兜(长60厘米,宽40厘米),严禁不戴试情兜试情。对试情羊也可采取输精管结扎、切断或阴茎移位等方法。试情在每天早上进行,如试情羊爬跨母羊、而母羊站立不动时,可判断母羊发情良好,抓出单圈等待配种；母羊逃避或爬跨公羊而不让公羊爬跨，一般为发情前期或后期。试情时间以所有母羊都拒绝爬跨为止。

还应结合外观鉴定、阴道检查，进行综合判断。发情母羊一般表现为：咩叫、不安、摇尾，外阴部潮红肿胀流出黏液、前期稀薄、后期黏稠。开膣器阴道检查时，前期少量黏液随开膣器流出、后期可见黏液增多，子宫颈口前期潮红、湿润但不开口，后期粉红色颈口开裂。

3. 羊的人工授精技术

人工授精技术是快速推广良种、扩大优秀公羊利用率的有效手段。是指应用器械，采取公羊的精液、经过精液品质检查和系列处理后，再将新鲜精液或解冻后的精液人工输入到发情母羊生殖道内，达到母羊受精目的的方法。采用鲜精人工授精每只公羊一般可年配种母羊400～800只[如果是本交，公羊和母羊的比例仅为1∶(20～30)]，准胎率可达80％～90％；冻精冷配方式一只公羊可年产冻精4000粒、配种母羊2000只次，冻精冷配的准胎率一般可达40％～70％。

(1)鲜精人工授精。

①采精。

a、调教公羊。种公羊平时维持中上等膘情、配种期调整日粮，改善营养和管理、加强运动。新参加配种的公羊要注意了解其性欲和精液品质，保证采出的精液符合输精要求；对部分初配公羊性反射不敏感时须加以调教(放入母羊群训练；用发情母羊尿液或分泌物抹鼻尖；按摩睾丸每日两次、每次10～15分钟)。

b、台羊准备。选择发情明显、体格大小适宜的发情母羊做台羊，用2％的来苏尔消毒其阴部，再用温水洗净擦干。

c、进行人工采精输精器械消毒安装。假阴道内胎平展无褶安装好，用75％酒精棉球消毒，再用生理盐水棉球擦洗数次，装上集精杯后，用消毒过的凡士林涂于内胎的前1/3处，外壳夹层灌入50～55℃的温水150～180毫升，并向夹层吹入空气至内胎呈三角形裂隙即可，使假阴道内腔温度保持39～42℃为宜。

d、采精操作。

采精员一般位于台羊右后方，右手握住假阴道与保温瓶接合部，食指托住保温瓶，放气阀朝向内侧，假阴道口向上倾斜。公羊爬跨母羊前，重心放在左脚上，随着公羊爬跨，采精员一边下蹲一边将重心移到右脚，迅速而轻快地将公羊阴茎导入假阴道内；公羊射精后，立即将假阴道口朝上竖起（集精杯在下部、口朝上），送入检精室，先放气关好放气阀，再卸下保温瓶，盖上瓶盖，并做好区别标记。

②精液品质检查。检精室内室温18～25℃，正常精液为浓厚的乳白色或乳酪色混悬液，略有腥味，肉眼可见云雾状运动，一次射精量一般0.8～1.8毫升。300～400倍显微镜检查，密度在"中等"（即每毫升精液精子在20亿～40亿）以上、活力需达到0.7以上、精子畸形率在5%以下的可用来输精。

③精液稀释、保存与运输。一般稀释倍数为2～3倍，稀释液有生理盐水、2.9%柠檬酸钠、牛奶稀释液等。常温保存1～2天，0～5℃可保存2～3天。稀释好的精液注入经消毒的干燥小试管中，用橡皮塞塞严管口，裹一层棉花再用纱布包好，注明公羊号、采集时间、品质参数等，即可运输。

④输精。及时检出发情母羊、掌握适宜输精时机，一般应在发情中期或后半期。严格按规程操作，做好清洁、消毒、等温等渗处理，对准子宫颈口（阴道内呈一小突起、附近黏膜充血而颜色深）、实施深部输精（颈口内0.5～1厘米）、保证输精量（0.1～0.2毫升，应保证有效精子数在6 000万个以上、处女羊阴道输精时输精量增加一倍），输精后母羊原地保持后肢离地片刻再放

手，防止精液倒流。

（2）冻精冷配。基本技术同鲜精，应特别注意把好三关：

一是解冻关。保证冻精解冻至输入子宫颈口过程中活力损失最小。①解冻方法：湿解冻时将灭菌试管内注入0.1毫升的2.9%柠檬酸钠（或内蒙古产双优解冻液、生理盐水），38～40℃水浴加热后拿出试管、管底捏在手心，将精粒从罐中快速取出放入试管轻摇使其融化。干解冻是将精粒置于试管内，38～40℃水浴解冻；或者用75℃水浴，融化至剩余1/3时将试管从水中取出，捏在手心中至完全融化。②镜检活力在0.3以上可用于输精，冻精解冻后应在尽量短的时间内输精。因此应先找羊做好先期准备。③等温控制。凡与精液接触的器械、液体应用前先作预温处理，输精器吸取精液前、开膣器使用前应预热，冲洗输精器用的生理盐水或解冻液也是温热的好；如果操作时（台）距离输精处有一定距离，应准备保温套套着拿过去。

二是准确输精关。①要做到母羊保定牢靠。②开膣器正确使用：清洁和消毒处理（每天使用后清洗干净、用酒精内外涂擦后点火实行火焰消毒，使用前预温并用生理盐水或解冻液冲洗几遍，每羊用后以2%来苏尔清洗、生理盐水冲洗后再用，防止交叉感染）；开膣器呈闭合状态把手横握轻慢插入，至合适深度转90°打开，拔出来时开着拔；开口不宜太大防止引起努责。③确定和找准子宫颈口，挑起皱褶能深尽量深插、一般为0.5～2厘米，输精动作轻缓，保证精液全部注入。子宫颈口和尿道口的区别是，尿道口部位靠外、无皱褶、不充血、颜色发浅。

三是消毒与等渗处理关。清洗消毒上要严格遵守操作规程。一般是设置三盆水：第一盆清温水用于清洁外阴、第二盆2%～3%来苏尔或0.1%高锰酸钾水外阴部擦洗消毒、第三盆水用于清洗手臂和承接冲洗开膣器等器械的残液。输精器不能沾附水珠(渗透压比精液的低)、吸取精液前用生理盐水或解冻液冲洗。

第三节　舍饲羊的日粮配比、饲料贮制利用技术

舍饲羊只全年所需日粮几乎全部来自人工制备、供给,饲草饲料贮备既是舍饲养羊配套技术的重要环节,同时又是舍饲经营方式下饲养经营成本的最主要组成部分。各场户应结合自身具体的生产目的、经营模式、草料贮备投入能力及当地饲料资源条件的实际情况,按照因地制宜、多元搭配、四季均衡、阶段配料的原则要求,研究制订适宜的供料备草方案。

一、羊的食性、消化机能特点

羊的食性、消化机能特点及舍饲养羊对饲草、饲料贮备的一般要求如下。

(一)羊的饲料种类

羊属于反刍类草食畜,可利用饲料的范围最为广泛。根据有关资料,对山羊和绵羊的六百余种植物的饲喂试验表明,羊对植物的择食率居于各种家畜家禽之首,分别高达87%和79%。天然牧草、灌木、树枝树叶、农副产品等,都可作为羊的饲料;对青贮饲料、微贮或氨化处理秸秆也有较好的采食利用率和消化率;此外,还具有一定的利用非蛋白氮(如尿素等)的能力。

(二)羊的有关食性消化特点及对饲料的一般要求

(1)嘴尖唇薄齿利,特别是上唇灵活,便于采食;下颚门齿向外有一定的倾斜度,可拣食很短的饲草和粉碎饲料。

(2)其择食习性主要依据饲料的外表和气味作为取舍条件,

其鉴别能力可区别出同一种植物的不同品系品种。自然植被中最不爱采食的是有刺毛类和带蜡脂类的，喜食的是含蛋白质多且粗纤维少的牧草。另外，山羊绵羊的择食喜好也有区别，山羊一般偏好灌木枝叶及短草，而绵羊则比较喜好阔叶类杂草。

(3)吃净草、喝净水。被践踏污染的草料，羊宁愿饿着肚子也不愿吃。因此，舍饲养羊喂草需要放在草架或草筐中，少喂勤添避免浪费；饮水槽宜定时给水，勤清勤换。

(4)羊是复胃(反刍)动物，由于瘤胃微生物的助消化作用和肠道长的特点，因此对饲料的消化吸收能力很强，特别是对粗纤维的消化率可达 50%～80%。成年羊日粮中粗饲料比例应在40%以上，且宜磨碎切短或加工调制。哺乳期羔羊瘤胃微生物的区系尚未形成，起主要作用的是第四胃，应当和单胃动物一样对待，其自身不能合成某些必需氨基酸、维生素，因此，强调对羔羊补饲质量高的蛋白质饲料和含粗纤维少的干草。

二、羊的草料分类及贮备、加工调制

(一)舍饲养羊的饲草饲料

可大致归为青饲料、青贮料、干草与蒿秕饲料(含粗饲料)、精饲料(含能量饲料和蛋白质补充料)等 4 类。

(1)青饲料。包括天然牧草、栽培牧草、蔬菜类饲料(如甘蓝、薯秧、饲用甜菜、胡萝卜缨等)、树叶饲料(较好的有槐、桑、榆、柳、梨、杏等树叶)。其中栽培牧草常见品类有紫花苜蓿、沙打旺、碱草(羊草)、青饲玉米、燕麦等。

饲喂青饲料应注意饲喂方法及喂量，如饲喂豆科牧草时应限量，谨防过度采食引起臌胀，喂青饲高粱、苏丹草、玉米苗时注意谨防氰氢酸中毒，喂饲用甜菜叶时应保持新鲜，谨防亚硝酸盐中毒。

(2)青贮饲料。指在无氧条件下发酵堆贮的青绿多汁饲料，这类饲料基本保持了原料的色泽和水分，并呈苹果香味，适口性强、贮存期长。

(3)干草与蒿秕饲料。包括青草、青绿饲料作物在未结籽实以前，刈割、干制而成的青干草、青干树叶，以及禾本科、豆科作物秸秆(玉米秸、稻草、麦秸、谷秸和豆秸)、秕壳等，因其分布广、数量大、成本低，易保存，为羊饲草料中粗饲料的主要构成部分。

(4)能量饲料与蛋白质补充料。前者包括谷实类籽实(如玉米、小麦)及其加工副产品(如麦麸、米糠)和块根块茎瓜类饲料(如胡萝卜、甘薯、马铃薯、南瓜等)，后者指干物质中粗蛋白含量在20%以上的一类饲料，包括植物性蛋白质补充料(指豆科籽实及其加工副产品、某些谷实的加工副产品、各种油料籽实及其饼粕)和动物性蛋白质饲料、非蛋白氮饲料(如尿素、双缩脲)。

掌握舍饲养羊的草料分类及用途，便于经营者因地制宜、因时制宜组织开展饲料生产、贮制。根据当地自然条件和生产条件，通过有计划的分批种植适合品种的牧草、青绿多汁的饲料作物，结合青干饲料和秸秆的贮藏、加工调制，以及采集野生牧草、树枝树叶、灌木等综合手段，可实现圈舍养羊所需饲料的全年均衡供应。

(二)粗饲料的加工调制方法

1. 机械处理

切短：蒿秆、青干草和鲜草宜铡短后投喂，目的是便于咀嚼、减少浪费、提高采食量，喂羊适宜长度秸秆为1.5～2.5厘米，鲜青草5～10厘米。

揉碎：多用于纤维素较多的粗饲料如向日葵茎秆、树枝等通过机械揉搓，使之更利于采食和消化吸收。

磨碎、压扁：用于精料加工，通过磨压除去中皮、颖壳的包被，以利于消化吸收。一般细度1～2毫米。

焙炒：大麦等谷食类饲粮通过焙炒，部分淀粉转化为糊精产生香味；豆类籽食焙炒后可去除脲酶的致胀作用。

晾干及秸秆碾青：通过自然或人工的方法将牧草、树叶、青绿羊柴等制作含水率17%以下的青干草，做为冬春季节的贮备饲料，用铺盖麦秸碾压青绿牧草再晾晒使之较短时间内制干的方法称为秸秆碾青，是民间应用的晒制干草办法。

2. 化学处理

包括秸秆碱化和氨化技术。养羊场户中最常用的是氨化。

氨化处理可以改变秸秆中粗纤维的结构，改善其质地和营养，且增加了非蛋白氮，为瘤胃微生物合成细菌蛋白质提供了氮源，因此可提高羊只对秸秆干物质有机质的消化率和转化效率，明显改善秸秆的营养价值及适口性。据测定，经过氨化的秸秆粗蛋白含量提高1倍左右，粗纤维消化率提高20%以上，能量利用效率可提高80%、采食量提高6%～21%。

氨化是利用秸秆制作舍饲羊只饲料的良好途径，处理方法较为简便，原料及处理成本较低，应用效果显著，实际生产中有很大的发展前途。氨化秸秆在舍饲羊只日粮中可占到粗料的50%～100%，并节省和降低精料用量15%～30%。

常见的氨化原料有麦秸、玉米秸、谷草、麦糠、稻草等，氨源可因地制宜选用氨水、尿素、碳铵、无水氨（液氨）等氨化物中的一种，农村中以尿素最为简便安全。

3. 微生物学处理

常见有青贮、秸秆微贮。羊的青贮料喂量开始时不宜过多，且不应单一饲喂，要逐渐增加喂量。青贮料具有轻泻作用，故妊娠母羊喂量不宜过多,以防引起流产。喂量每只成年羊日喂1～2千克。秸秆微贮可作为羊只舍饲日粮中的主要粗饲料,或与其他草料或精料搭配同喂。每次取料量以当天喂完为宜,对冬季冻结的微贮料应化开后再用。开始饲喂时应循序渐进,逐步加量,每只日饲喂量1～3千克。

(三)舍饲羊的日粮配合

1. 舍饲羊只日粮的配合特点

一是注意维生素A的补充。由于羊的瘤胃可以合成维生素B族和维生素K,体组织可以合成维生素D,而维生素A只能由青绿料中的胡萝卜素转化。恰恰舍饲羊的特点是全年舍饲不放牧、以干草为主,采食青绿料的数量少,而干饲料不含维生素A,这样舍饲羊最易缺乏的是维生素A。生产实践中,可利用人工种植优质牧草,青刈后补饲,或秋季收贮等外胡萝卜、冬季切碎喂羊,或以复合营养舔砖形式补充维生素A。

二是注意钙磷的比例平衡。羊的Ca、P比例以(1.5～2):1较合适。羊以食植物为生,在添加Ca、P时应计算这一部分的Ca、P供给量和比例,以免失衡,导致发生羊的尿结石症。

三是注意盐的补充和充足的饮水。盐是维持动物体液平衡的重要物质,以秸秆饲料为主的植物性饲料中含Na、Cl较少时,补充食盐(俗称啖盐)十分重要,方法是将食盐放入舍内小槽内或以复合营养舔砖形式,供羊只自由舔食。这样可以充分发挥食盐的调味和营养双重功效。羊每天需饮水2～3次,特别是舍饲养羊更应该注意供给充足的饮水,以保证羊只生长和代谢的需要。

四是注意饲草、饲料的多样化。放牧饲养,羊吃百样草、各种营养齐全,并互相补充,舍饲养殖草料单调,营养容易失衡,因此要注意根据不同羊只品种特性合理搭配饲草饲料。

五是注意保证干物质的日摄入量。干物质的日摄入量是养羊的重要指标。舍饲羊只的草料完全依靠人供给，所以，设计日粮时必须以干物质计算，以此来满足羊只的营养、饱腹和适口性的需要。喂量要以实际摄入量为准，应扣除槽头抛撒和不食部分。有些户主饲喂羊只不以干物质的日摄入量为准，而是粗略估计羊只的喂量，不管水分含量多高向槽内一放了之，须知青绿饲料、青贮等3千克才折合成风干重1千克。如体重50千克的母羊，在维持饲养或妊娠早期每日需采食干物质1.1千克左右，哺乳母羊还要增加20%～70%，双羔比单羔增加10%，这样计算，若喂饲青绿饲料，则需要3～5千克。若长期喂量欠缺造成羊只干物质摄入量不足，羊处于半饥饿状态，无法满足营养需要，于是出现许多的异食癖，如吃毛、大量的舔食异物杂质等，由此引发羊的真胃毛球堵塞症。

2. 不同羊只的饲料参考配方

(1)绵羊。

①育肥羔羊精料配方：玉米60%、麸皮18%、豆饼7%、棉子饼6%、花生饼5%、石粉1%、食盐1%、预混料1%。

②育成羊精料配方：玉米60%、麸皮20%、豆饼5%、棉子饼8%、花生饼5%、石粉1.5%、食盐1%、预混料1%。

③怀孕母羊精料配方：玉米62%、麸皮12%、豆饼22%、食盐1%、预混料1%。

④种公羊精料配方：玉米58%、麸皮8%、豆饼28%、食盐1%、预混料1%。

(2)山羊。

①育肥羊精料配方：豆饼20%、麸皮20%、玉米60%、每100千克配合料加维生素AD_3粉50克、含硒微量元素200克。

②绒山羊精料配方：豆饼 15%、麸皮 30%、玉米 55%、每 100 千克配合料加维生素 AD_3 粉 50 克、含硒微量元素 200 克。

③种母羊精料配方：豆饼 20%、麸皮 25%、玉米粉 55%、每 100 千克配合料加维生素 AD_3 粉 50 克，含硒微量元素 200 克。

④育成羊、种公羊精料配方：豆饼 25%、麸皮 20%、玉米粉 55%、每 100 千克配合料加维生素 AD_3 粉 50 克、含硒微量元素 200 克。

第四节　羊的饲养管理的概述

一、舍饲羊只的日常管理

1. 加强运动

运动对舍饲羊只很重要，它可以增强羊只体质，提高抗病力和食欲。因此，每天要保证羊只有足够的运动量，有条件的养羊户可在圈舍附近开辟一块运动场地，每天将羊赶出 2 次，每次 1～2 小时。

2. 正确抓羊与羊只保定

舍饲养羊因为防疫、检疫、配种、抓绒、剪毛等活动，常需要抓羊和保定，由于抓羊不当常会造成有害的应激反应，因此，抓羊保定一定要讲究方法。一般要求慢慢接近羊只，抓羊动作要快要准，迅速抓住羊的后腿或飞节上部，其他部位不要随意乱抓，以免损伤羊体。忌满圈乱追、硬抓，造成羊只惊恐不安。羊只保定一般用两腿把羊颈夹在两腿中间，抓住羊的肩部，使其不能前进与后退，以便对羊进行各种处理。

3. 公羊早去势

对于不留作种公羊的公羔及早去势（阉割），出生 3～65 天的羔羊可用结扎法去势，即用橡皮筋扎紧阴囊的基部，一周后睾丸因血管阻塞而坏死脱落，十分安全。对于稍大一些的公羔或成年公羊要请兽医实施手术去势。

4. 防疫接种

主要有三联苗、四联苗、（肉毒梭菌）五联苗、口蹄疫疫苗、怀孕母羊专用的羔羊痢疾菌苗等。

5. 做好驱虫、药浴

为预防各种寄生虫病的发生，应在发病季节到来之前（如每年的晚冬早春，甚至于每年的春夏秋冬四季）用各种高效广谱驱虫药进行预防性驱虫。羊只在剪毛抓绒后 10～15 天选择无风晴朗天气进行药浴，以驱除体表寄生虫。

（1）驱虫。应根据当地寄生虫病季节动态、流行情况确定和掌握最适当时机。一般选在秋末冬初草枯以前和春末夏初以前，各进行一次驱虫。常用药物有丙硫咪唑、左咪唑、硫双二氯酚等。使用驱虫药时要求剂量准确，并且要先做小群试验，取得经验后再进行全群驱虫。驱虫过程中发现出现毒副作用的个别羊只应及时解救、对症治疗。

（2）药浴。有药浴池法和缸（盆）浴法。标准药浴池建造形式参见本章第一节。也可用人工方法抓羊，在大缸或大盆中逐只进行盆浴。药剂常用的有杀虫脒 0.1%～0.2%的水溶液、0.05%的辛硫磷、石硫合剂（生石灰 3 份、硫磺粉 5 份，用水拌成糊状，加水 60 份，铁锅煮沸熬至浓茶色，煮沸过程中蒸发掉的水分要补足，熬好后倒出上清液，再对上 200 份的温水即可药浴）。

药浴一般在剪毛后 10 天左右进行，选晴好天气，水温 25～30℃，药液深度根据羊的体高确定，一般约为 70 厘米，以没及羊体、羊头能露出为原则。浴前 8 小时停止喂料，在入浴前 2～3 小时让羊饮足水，工作人员做好安全防护、手持带构木棒在池边控制羊前进，使头部漏出液面，每只羊洗浴 1～2 分钟，接近出口时故意用棒钩将羊头部压入液内一两次，使头部附着药液。出池后在滴流台上停 20 分钟，使羊身上的多余药液滴下来流回池内。浴后羊只收容在凉棚或宽敞的羊舍内，免受日光照射，6～8 小时后可喂料或放牧运动，避免羊群扎窝子。应先让健康羊药浴，有疥癣的羊后浴。妊娠两个月以上的母羊不进行药浴。第一次药浴后，相隔 8～14 天再重复药浴一次。

6. 圈舍的清洁卫生与消毒

羊舍要经常打扫，并垫上干土，保持清洁卫生。要经常通风换气，保持干燥和空气清新。同时对圈舍及各种用具要定期消毒，消灭外界环境中的病原体，切断传染源。

7. 修蹄与去角

舍饲养羊因运动减少，蹄部较少磨损容易出现蹄壳过长或蹄形不正，这样会造成蹄部生病或跛行。因此，要经常检查羊蹄生长情况，当出现蹄形不正时应及时修蹄。用蹄剪或蹄刀，也可用果树刀代替。修蹄时先去掉蹄底污物，将蹄底削平，再把过长的蹄壳削去，使羊蹄成椭圆形。修蹄时要小心，慢慢地一薄层一薄层地往下削，不要一刀削得过多，以免伤及蹄肉。发现蹄病时要及时治疗。

为了便于饲喂和防止羊只打架，羔羊生后不久应去角。一般羔羊生后 7～10 天、绵羊生后 10～14 天，头顶角基处出现突起的犄角时去角效果最好。常见有烧烙法、苛性钾浸蚀法。羔羊去角后，应将两后肢保定，并单独管理，防止因疼痛用后蹄摩擦角基而感染。经 2～4 小时疼痛消失、伤口干燥后可归群。

8. 啖盐和饮水

盐的主要成分是氯和钠，是维持机体体液平衡的重要元素，植物性饲料中含氯、钠较少，羊不能从中获取足够的氯钠，因此必须通过补喂食盐来补充。一般按每只羊日补盐 8～15 克，冬季可拌入精料中，夏季可放在石板上或食槽内让羊舔食。复合盐砖中含有氯、钠和其他多种矿物质元素及微量元素，是理想的啖盐盐源，使用时最好将其放置在铁架或木架上任其舔食。

饮水是非常重要的，要饮用流动的净水或井水，忌饮坑塘污水。羊在夏天每日需饮水 2～3 次，冬天每日饮水 1～2 次，勿饮冰渣水，尤其孕期母羊要特别注意，谨防引发流产。

二、可繁母羊的饲养管理

一般母羊初配年龄为 10～12 月龄，到 5 岁时达到最佳生育状态，随后生育能力会逐渐降低，到 6 岁后逐渐出现一些生育障碍。因此，6 岁后老龄母羊应逐渐淘汰，使羊群保持较高的繁殖率。可繁母羊的饲养管理重点在妊娠期和哺乳期。

(一)妊娠母羊的饲养管理

母羊的妊娠期平均 149 天(140～157 天)，分为妊娠前期和妊娠后期。

(1)妊娠前期。母羊配种受胎后的前 3 个月内，对能量、粗蛋白的要求与空怀母羊相同。但应补加一定的优质蛋白质饲料，以满足胎儿生长发育和组织分化对营养物质的需要。日粮的精料比例为 5％～10％。

(2)妊娠后期。胎儿的增重加快，母羊自身也需要储备大量的养分，为产后泌乳作准备，同时母羊腹腔容积有限，对饲料干物质的采食量相对减少，饲料体积过大或水分过高，不能满足母羊的营养需要，因此，应提高日粮水平。产前8周日粮精料比例提高到20%，产前6周为20%～30%，产前1周要适当减少精料的用量（以防胎儿过大而难产），同时增加钙和磷的补给，比例为2∶1。

妊娠后期的母羊要精心管理，出入圈舍时控制羊群，避免拥挤或急追狂赶，禁止饮冰渣水，防止滑倒，预防流产。增加母羊舍外活动，可减少难产发生几率。

（3）产前一周左右，夜间应将母羊放于待产圈中饲养和护理。

（二）哺乳母羊的饲养管理

（1）哺乳前期（羔羊出生2个月内），应根据带羔多少和泌乳量高低，搞好补饲。带单羔母羊每天补混合精料0.3～0.5千克，带双羔或多羔母羊每天补0.5～1.5千克。

（2）缺奶或初产母羊，应加强泌乳前期的饲养管理，喂给含蛋白质多的饲料或喂豆汁及胡麻汤以增加奶量。

（3）对体况较好的母羊，产后1～3天可不补料，以免造成消化不良或发生乳房炎，3日后可逐渐增加饲料的用量。

（4）在哺乳后期应逐渐减少对母羊的补饲，到羔羊断乳后可转入正常饲养。

三、羔羊的饲养管理

羔羊的管理是羊群最关键时期，一定要精心照料，减少伤亡。管理羔羊要周到细心，并且眼勤、手勤、腿勤，及时发现问题解决问题。

（1）产羔室的温度保持在5～10℃，过高或过低都不利于羔羊生长。

（2）把好初生关，羔羊出生后，要迅速清理鼻端和口腔黏液，如果胎膜未破，应立即撕破羊膜以防窒息死亡。如果有假死或呼吸困难可将羔羊横卧，轻轻拍打胸部，向口中吹入空气。

羔羊出生后，脐带一般自行中断。如不自行中断应及时剪断脐带并应在脐断处涂以5%碘酊消毒，否则将可能感染引发肝、肺、脐带、关节化脓性疾病。

(3)及时吃上初乳。羔羊在生下10～40分钟就可站立，应尽量让羔羊及早吃到初乳。初乳是指母羊产羔后1～3天的母乳，富含蛋白质。维生素、矿物质，易为羔羊消化吸收；而且含有免疫球蛋白，可提高羔羊的抗病力；同时初乳中含有较多的镁盐，具有轻泻作用，能促进胎粪排出。因此，让羔羊早吃、吃好初乳对其健康和早期生长发育具有重要作用。如果有的羔羊不会吃奶要进行人工辅助，以保证羔羊及时吃到初乳。羔羊初次哺乳不限制时间，一定让其吃足初乳。

(4)加强多胎羔羊的管理，将缺奶或乳汁不足母羊的羔羊“过继”给少胎或无羔的母羊。如果找不到代乳羊，可实行人工哺乳，喂以牛奶、奶山羊奶或配制代乳料。人工哺乳要做到定时、定量、定温(一般在37～39℃)。开始次数多、量少，以后逐渐增加量减少次数。一般掌握在：7天以内每天喂5次，每次30毫升；8～20天每天喂4次，每次50毫升；21～42天日喂3次，每次喂120毫升。

(5)幼羔的管理。羔羊生后15天，在育羔舍内开始训练喂草喂料，要做到勤给勤添，逐渐诱导和锻炼其胃肠机能。

设置水槽，让羔羊自由饮水。

要掌握好育羔舍的温度，保持舍内干燥，清洁。杂交公羔或经鉴定无种用价值的公羔应在生后一个月左右去势。

(6)羔羊的补饲标准。绵羊羔：15～30日龄日补饲80～100克草料；31～60日龄日补饲150～200克；61～90日龄日补饲

250～300 克。山羊羔:15～30 日龄日补饲 50～75 克草料;31～60 日龄日补饲 100 克;61～90 日龄日补饲 200 克;91～120 日龄日补饲 250 克。

补饲的混合料以玉米、黑豆、豆饼为好;干草为苜蓿干草、青野干草、青莜麦干草等,精粗料比为 1∶1。

(7)适时断乳。断乳时间一般掌握在 90～100 天。但要根据羔羊的体重酌情掌握。一般绵羊公羔为 20 千克,母羔为 18 千克;山羊公羔 18 千克,母羔 15 千克。早期断乳可掌握在70～80 天,但一定要加强羔羊的培育,使其体重达到 13 千克以上。断乳后要加强饲养管理,满足营养需要,保证羔羊健康生长发育。

四、商品羊的饲养管理

(1)肉用羊。断奶后凡不适宜做种用的公羔羊,一律去势后做商品羊进行育肥饲养。

育肥前应进行驱虫。并进行预饲,按饲料能量、蛋白含量逐渐过渡到育肥日粮标准。预饲期一般为 7 天左右。育肥日粮要营养全面,饲草应尽量多样化。一般日喂 3～4 次,自由饮水。

肥羔出栏时间:绵羊 6～7 日龄体重达到 40～45 千克即可。山羊 8～10 月龄体重达到 30 千克以上即可出栏。

(2)毛用羊。让羊自由采食青粗饲料,青料按体重的 1%～1.5%喂给,保证羊只自由饮水。

五、种公羊的饲养管理

(一)种公羊的饲料供给

(1)非配种期。种公羊的饲养要保持较高的营养水平,做到精粗料合理搭配,补喂适量的多汁饲料或青贮饲料,混合精料用量不低于 0.5 千克，优质干草 2～3 千克。

（2）配种期。种公羊要消耗大量的养分和体力，对配种任务繁重的优质种公羊每天应补饲 1.5～3 千克的混合精料，并在日粮中增加蛋白质以保持良好的精液品质。

（二）日常管理

种羊圈舍及运动场应保持清洁干燥，种公羊每天要坚持有一定的运动量、以保证种公羊的体质和体况。

第四章　绵羊的饲养管理

第一节　放牧绵羊的饲养管理

一、四季放牧要点

四季放牧是指羊群在春、夏、秋、冬四季放牧的方法和草场的选择。

(一)编群

放牧羊群应根据羊的品种、性别、年龄和体质强弱等进行合理编群。羊群的大小,可依草场和羊的具体情况而定,牧区细毛羊及其高代杂种羊 300～500 只一群;半细毛羊及其高代杂种羊 150～200 只一群,羯羊 400～500 只一群,种公羊 20～50 只一群。半农半牧区和山区每群的只数则根据草场大小和牧草的产量和质量相应减少;农区每群羊的数量更少些,一般从几十只到百只,每群由 1～2 名放牧员管理。

(二)春季放牧(3 月至 5 月中旬)

绵羊经过冬季的严寒和缺草,到春季时身体十分虚弱,牧草又青黄不接,而在我国多数地区,此时还正值羊只的繁殖季节,故春季是羊群的困难时期,应精心放牧,加强补饲,以尽快恢复绵羊的体力,搞好妊娠母羊的保胎工作。

春季放牧要选择距离较近、较好的牧地放牧，尽量减少其体力消耗，并便于在天气突变时迅速回圈。早春出牧前应先补饲干草或先放阴坡的黄草，后放青草，以免跑青及误食毒草。为了防止跑青，要注意控制羊群，拢羊躲青，慢走稳放，多吃少走。晚春当牧草达到适宜高度时，应逐渐增加放牧时间，使羊群多吃，吃饱，为全年放好羊、抓好膘奠定基础。

（三）夏季放牧（5 月下旬至 8 月末）

羊经过春季放牧，身体逐渐得以恢复，到了夏季，日暖天长，牧草茂盛，营养价值高，正是抓膘的好时机。但夏天蚊蝇侵扰，应选择高燥、凉爽、饮水方便的地方放牧，中午天热，羊只易起堆，应及时赶开，或把整个羊群赶到阴凉处休息。

在良好的夏收条件下，羊只身体健壮，促使发情，为夏秋配种做好谁备。

（四）秋季放牧（9～10 月）

秋季气候凉爽，日渐变短，牧草开始枯老，草籽成熟。农田中收获后的茬子地有大量的穗头和杂草，羊群食欲旺盛，正是抓膘的大好时机。同时，秋季在我国北方地区正是绵羊配种季节，抓好秋膘是提高受胎率、产羔率和为羊群越冬度春奠定物质基础的重要措施，在我国南方正是母羊怀孕后期，抓好秋膘是提高羔羊初生重、提高母羊泌乳量及羔羊品质的重要措施。

秋季应选牧草茂盛，草质良好的牧地放牧，并尽可能放茬地，以便迅速增膘。放牧中要避开有荆棘、带钩种子和成熟羽茅之处，以免挂毛、降低羊毛品质和刺伤羊体。

秋季无霜期间放牧，应早出晚归，中午不休息，以延长放牧时间，使羊群迅速增膘。早霜降临后，应晚出晚归，避开早霜。配种后的母羊群应防止跳越沟壕、拥挤和驱赶过急，以免引起流产。

（五）冬季放牧（12 月至翌年 2 月）

羊群进入冬季草场之后，逐渐趋于夜长昼短、天寒草枯时期，羊体热能消耗量大，同时母羊已怀孕或正值冬季配种期；育成羊进入第一个越冬期。所以保膘、保育、保胎就成了冬季养羊生产的中心任务。冬季放牧要有计划地利用好冬季草场，即在棚舍附近，给怀孕母羊留出足够的草场并加以保护，然后按照先远后近、先阴后阳、先高后低、先沟后平的顺序，合理安排羊群的放牧草场。

冬季放牧应晚出早归，午间不休息，全天放牧，尽量令羊少走路，多吃草，归牧后进行补饲，注意饮水。遇到大风雪天气，可暂停出牧，留圈补饲，以防造成损失。

羊群进入冬季草场前要做好羊群安全过冬准备工作。如加强羊群秋季的抓膘，预留冬季放牧地，储草备料。整顿羊群，修棚搭圈，进行驱虫和检疫等。

二、补饲与管理

补草补料是养羊业中一项很重要的工作，尤其对放牧饲养的良种羊补饲更为重要。在生产实践中，应根据羊的营养水平、生理状态和经济价值等具体情况进行合理的补饲。

（一）补饲时期

放牧饲养的羊，从 11 月开始对经济价值高的羊群和瘦弱的母羊进行重点补饲。一般每天每只羊补给干草 1～2 千克。进入 1 月以后，对所有羊群要进行补饲。

坚持每日早晚各补喂干草 1～2 千克，每天每只补饲混合精料 0.1～0.2 千克。

(二)种公羊的补饲与管理

种公羊在全部羊群中数量虽少,但对提高羊群繁殖率和后代的生产性能作用很大,因此,应养好种公羊。种公羊的饲养分为非配种期和配种期两个阶段。

(1)非配种期。非配种期的种公羊应以放牧为主,结合补饲,每天每只喂混合精料 0.4～0.6 千克。冬季补饲优质干草 1.5～2.0 千克,青贮料及多汁饲料 1.5～2.0 千克,分早晚两次喂给。每天饮水不少于 2 次。加强放牧运动,每天游走不少于 10 千米。羊舍的光线要充足,通风良好,保持清洁干燥。

(2)配种期。配种前 45 天开始转为配种期饲养管理。此期应供给种公羊富含蛋白质、维生素、矿物质的混合精料和干草。根据种公羊的配种任务确定补饲量。一般每只每天补饲混合精料 1～1.5 千克干草任意采食,食盐 15～20 克,每天分 3 次喂饲。对采精 3 次以上的优秀种公羊,每天加喂鸡蛋2～3 个或牛奶 1～2 千克或其他高蛋白饲料,以提高精液品质。

在加强补饲的同时还要对种公羊进行合理运动,运动不足或过量都会影响精液质量和体质。配种期,应保持种公羊的足够的运动量,炎热天气要充分利用早晚时间运动,采取快步驱赶和自由行走相结合的方法,每天运动 2 小时,行程 4 千米左右。

(三)怀孕母羊的补饲

母羊怀孕后 2 个月,开始增加精料给量。怀孕后期每天每只补干草 1～1.5 千克,精料 0.5 千克。饲料要清洁,不应给冰冻和发霉变质的饲料,不饮冰渣水,以防流产。每天饮水 2～3 次。

第二节 绵羊的一般管理

(一)剪毛

细毛羊、半细毛羊每年春季剪毛1次,粗毛羊每年春秋各剪1次。剪毛时间,北方牧区和半农牧区多在5月下旬至6月上旬,南方农区在4月中旬至5月中旬。秋季剪毛多在8月下旬至9月上旬。剪毛时羊只须停食12小时以上,并不应捆绑,防止羊胃肠臌胀,剪毛后控制羊只采食。

(二)断尾

细毛羊、半细毛羊及代数较高的杂种羊在生后1～2周内断尾。常用的断尾方法是热断法,即用烧热的火钳在距尾根5厘米处钳断,不用包扎。

(三)去势

不作种用的公羊,为便于管理,一律去势。一般在生后2周左右进行。去势后给以适当运动,但不追逐、不远牧、不过水以免引起发炎。

(四)药浴

每年药浴两次,一次是在剪毛后的1～2周进行,另一次在配种前进行。可用0.3%敌百虫水或2%来苏尔溶液。让羊在药浴池内浸泡2～3分钟,药浴水温不低于20℃。

第五章　奶山羊的饲养管理

第一节　母羊妊娠期的饲养管理

母羊妊娠前期胎儿发育缓慢，需要营养物质不多，但要求营养全面。妊娠后期胎儿发育快，应增加15%～20%的营养物质，以满足母羊和胎儿发育的需要，使母羊在分娩前体重能增加20%以上。分娩前2～4天，应减少喂料量，尽量选择优质嫩干草饲喂。分娩后的2～4天，因母羊消化弱，主要喂给优质嫩青干草，精料可不喂。分娩4天后视母羊的体况、消化力的强弱、乳房膨胀的情况掌握给料量，注意逐渐地增加。

第二节　母羊产乳期的饲养管理

奶山羊的泌乳期为9～10个月。在产乳期母羊代谢十分旺盛，一切不利因素都要排除。在产乳初期，对产乳量的提高不能操之过急，应喂给大量的青干草，灵活掌握青绿多汁饲料和精料的给量，直到10～15天后再按饲养标准喂给日粮。奶山羊的泌乳高峰一般在产后30～45天，高产母羊在40～70天。进入高峰期后，除喂给相当于母羊体重2%的青干草和尽可能多的青绿多汁饲料外，再补喂一些精料，以补充营养的不足。如一只体重50千克、日产奶3.5千克的母羊，可采食1千克优质干草、4

千克青贮料、1千克混合精料。每日饮水3～4次，冬季以温水为宜。产奶高峰过后，精料下降速度要慢，否则会加速奶量的下降。

挤奶时先要按摩乳房，用奶40～50℃的温水洗净乳房，用拳握法挤奶。挤奶人员及挤奶用具都要保持清洁，避免灰尘掉入奶中而降低奶的品质。挤奶次数，根据泌乳量的多少而定，一般日产乳量在3千克以下者，日挤乳两次，5千克左右者日挤乳3次，6～10千克者日挤乳4～5次，每次挤乳间隔的时间应相等。

第三节　母羊干乳期的饲养管理

干乳期是指母羊不产奶的时期。这时母羊经过2个泌乳期的生产，体况较差，加上这个时期又是妊娠的后期。为了使母羊恢复体况贮备营养，保证胎儿发育的需要，应停止挤奶。干乳期一般为60天左右。

干乳期母羊的饲养标准，可按日产1.0～1.5千克奶，体重60千克的产奶羊为标准，每天给青干草1千克、青贮料2千克、混合精料0.25～0.3千克。其次，要减少挤奶次数，打乱正常的挤奶时间，增加运动量，这样很快就能干乳。当奶量降下后，最后一次奶要挤净，并在乳头开口处涂上金霉素软膏封口。

第六章 绒山羊的饲养管理

第一节 绒山羊特点

绒山羊指偏重于产绒性能的山羊品种。山羊绒是从山羊躯体上抓取下来的细绒毛，为次级毛囊生长出来的无髓毛。山羊绒作为动物纤维中佼佼者，其强度、伸度、弹性都优于同等细度的动物毛纤维，被誉为“毛中之王”“纤维宝石”，织品以集“轻、暖、软”于一身，始终跻身于世界纺织品流行前沿，国际上称“开司米”。我国所产的山羊绒细度均匀，一般在 13～15 微米，相当于 120 支纱，长度一般在 5 厘米左右，以品质好、数量大在国际市场上享有盛誉。因此，山羊绒一直是我国畜产品出口创汇的重要资源。近年来山羊绒价格维持在较高水平，发展绒用山羊生产正逢其时。

绒山羊生产绒毛和脱绒是适应高干旱气候条件或高海拔气候条件的需要，是长期遗传和环境因素相互作用而形成的一种生物学特性。在欧洲和亚洲，所有生产羊绒的山羊几乎都处在北纬 35°～55°，实践证明，绒山羊转移到温暖的生活条件下，绒毛生长期会缩短，绒毛产量也下降。因此说，山羊绒生产有一定的地域性限制。

一、绒毛生长规律

山羊的绒毛生长的时间、速度，是受日照时间、光线强度、温湿度、营养状况等条件的限制，也与山羊的繁殖周期息息相关。绒山羊每年从8月绒毛开始生长，8～11月生长绒毛的重量占总绒重的88%，到第二年2月停止生长，3～4月脱绒。绒山羊绒毛一般是后躯绒长大于前躯绒，产绒量公羊比母羊高，成年羊比同性别育成羊产绒量高，怀孕后期与产绒高峰期错开的母羊产绒量比与产绒高峰期重合的母羊产绒量高。

二、饲养管理条件的影响

饲养管理条件的好坏，对绒毛的生长和品质有较大影响。营养条件好，绒毛生长快、产量高，而且纤维强度大、光泽好、油汗适度、有弹性；若营养缺乏，绒毛生长慢、纤维细短、光泽差、缺乏弹性。

第二节　绒山羊的饲养管理

除遵循山羊饲养管理的一般要求外，还应注意一些特殊要求，比如：加强营养、体外驱虫、防止刮绒损失等。

一、提高绒山羊产绒量的措施

(1)人为调控繁殖时间，与绒毛生长高峰期错开。就是按着山羊自身生理特点和生物学特性，加强饲养管理，掌握科学的舍饲管理技术，将自由繁殖改为人控繁殖。羊群中不留公羊，人为控制母羊的发情、配种、妊娠及哺乳时间。从9月中旬前控制发情、配种，然后再催情配种，使母羊的妊娠、产羔、哺乳时间错开产绒高峰期,也就是9～11月,变冬羔为春羔,使其营养分配均衡。另外从9月开始,及时给母羊进行补饲,增喂胡萝卜,在饲料中添加蛋氨酸和赖氨酸,并注意角质蛋白的补充,饲草以青草、青干草、豆科牧草为主,圈舍内长期放置多维复合盐砖。

(2)饲草饲料多样化。要广开饲草资源,按饲养规模的大小,备足枯草期饲草数量。通过人工或机械打草、晒制干草、收集农副产品、黄秸秆揉制、氨化微贮、种植饲草饲料等措施,实现饲草饲料多样化。应避免长期喂给单一的青贮料,如果长期饲喂青贮,要注意防止酸中毒,喂前摊晾,然后加入0.5%～1%小苏打,拌均匀后再饲喂;或将青贮料与干草混合后饲喂,以减少青贮的酸性,增加口感和食欲。有条件的的提倡将多种饲料原料进行营养配比后,加工成全价颗粒饲料,这样饲喂起来方便,即省时、省力、节约、不浪费,又营养丰富、易贮存。

(3)加强后备母羊及种公羊的饲养管理。配种前要检查种公羊精液质量,达不到标准的应及时淘汰。要防止亲近繁殖,有条件的应建立系谱,选择无血缘关系的种公羊做种用。对繁殖率低,产绒量少,或有生理缺陷的母羊,要及时淘汰。严格控制母羊初配年龄,母羊配种时间不早于8月龄。

(4)做好传染病的防控。制定免疫计划,定期给羊只注射疫苗,进行免疫接种,并落实好其他疫病防控措施,提高防疫水平。

(5)增加运动量。圈舍应通风、朝阳、干燥、透光和保温,运动场不宜过小。有条件的羊舍最好倚山而建,留有充足的山场,作为羊只的运动场地,无此条件的可在圈内设置环道,人为驱赶运动,上、下午各一次,每次不低于半小时。

(6)注意补充维生素。绒山羊在舍饲过程中应注意维生素的补充,因为干草或草粉中维生素含量极少。解决办法多种多样,如果是夏秋季节,可青割牧草补饲;秋季收贮胡萝卜补饲,圈舍内放置复合营养舔砖，饲料中加入维生素 D_3 粉或复合维生素。

二、绒山羊的抓绒剪毛

抓绒是绒山羊养殖户的收获季节，要通过正确的管理和处理提高抓绒效率、提高羊绒品质，减少不必要的浪费和损失。抓绒工具是钢制梳子，一种是密梳，由 12～14 根梳齿组成，间距约 0.5～1 厘米；另一种为稀梳，7～8 根梳齿，间距 2～2.5 厘米。

(1)确定适时的抓绒时间。春季天气变暖时，绒毛开始脱落，身体部位顺序是从头部耳根开始逐步移向颈肩胸背腰和股部。当发现山羊头部眼圈周围及耳根的绒毛开始脱落时，就是开始抓绒的时间，一般在青草发芽后的第 15～20 天，承德地区中南部一般为 4 月中旬，北部一般为 4 月下旬，坝上则为 5 月中下旬。群别顺序是成年母羊、后备母羊在先，成年公羊、育成公羊在后。妊娠后期和临产母羊暂不抓绒，谨防流产、早产，产羔恢复期后再进行抓绒。

(2)抓绒方法。抓绒羊只先禁食 12 小时以上；固定方式采用三蹄捆束；对妊娠中后期母羊的抓羊固定及抓绒时，动作要轻，避免动作过大导致流产；对于种公羊和育成羊要注意保定方法，防止过度挤压和蛮干用力抓破皮肤，造成损伤。抓住羊后，用手轻轻拍打拍落去除草渣粪土杂物。抓绒场地要干燥洁净，有木板铺垫更好。抓绒前把羊只按毛色(绒色有白、紫、青绒之分)分开，分别准备装绒用具。

抓绒时，先打去毛梢(高于绒顶的粗毛)，用稀梳顺着毛抓一遍，再用密梳顺着毛抓一遍，然后再用密梳逆着毛抓。梳子要贴近皮肤，用力均匀。抓绒时及时把梳子背面的零散飞绒抿抹到绒套上，并注意将明显突出的粗毛顺手摘掉。梳满褪绒时背面

沾少量清水略作糅合以保持绒套完整、易褪。

一般采取两次抓绒，大约相隔15天后再重抓一次，第二次抓绒量约为第一次的1/5。

剪毛一般在抓过绒后5～7天，要选在晴朗天气。天气凉的山区可留下背线附近的毛不剪，或只在抓绒前打去梢子毛，两次抓绒后不再剪毛。

第七章　羊的高效繁育技术

现代肉羊生产中，繁殖是一大关键环节，繁殖技术不仅影响肉羊业的生产效率，而且也是畜牧科学技术水平的综合反映。随着科学技术的迅速发展，肉羊繁殖技术也在不断进步，通过有效地控制、干预繁殖过程，使肉羊生产能按照人类的需求，有计划地进行。

第一节　羊的繁殖特点和规律

一、羊的繁殖季节

绵羊、山羊的繁殖季节（亦称配种季节）是通过长期的自然选择逐渐演化而形成的，主要决定因素是分娩时的环境条件要有利于初生羔羊的存活。

绵羊、山羊的繁殖季节，因品种、地区而有差异，一般是在夏、秋、冬3个季节母羊有发情表现。母羊发情时，卵巢机能活跃，滤泡发育逐渐成熟，并接受公羊交配。

平时，卵巢处于静止状态，滤泡不发育，也不接受公羊的交配。母羊发情之所以有一定的季节性，是因为在不同的季节中，光照、气温、饲草饲料等条件发生变化，由于这些外界因素的变化，特别是母羊的发情要求由长变短的光照条件，所以发情主要在秋、冬两季。

在饲养管理条件良好的年份，母羊发情开始早，而且发情整齐、旺盛。公羊在任何季节都能配种，但在气温高的季节，易出现性欲减弱或者完全消失，精液品质下降，精子数目减少，活力降低，畸形精子增多。在气候温暖、海拔较低、牧草饲料良好的地区，饲养的绵羊、山羊品种一般一年四季都发情，配种时间不受限制。

二、性成熟和初次配种年龄

性成熟是指性器官已经发育完全，具有产生繁殖能力的生殖细胞和性激素。绵羊的性成熟时期，虽因品种和分布地区的不同而略有差异，但一般是在5～8月龄，在这个时候，公羊可以产生精子，母羊可以产生成熟的卵子，如果此时公羊、母羊相互交配，即能受胎。但绵羊达到性成熟时并不意味着可以配种，因为绵羊刚达到性成熟时，其身体并未达到充分发育的程度，如果这时进行配种，就可能影响它自身和胎儿的生长发育。因此，公羔、母羔在4月龄断奶时，一定要分群管理，以免偷配。

绵羊的初次配种年龄一般在1.5岁左右，但也受绵羊品种和饲养管理条件的制约。

在当前我国的广大农村牧区，凡是草场或饲养条件良好、绵羊生长发育较好的地区，初次配种都在1.5岁，而草场或饲养条件较差的地区，初次配种年龄往往推迟到2～3岁时进行。

如中国美利奴羊（军垦型），母羊性成熟一般为8月龄，早的6月龄；母羊体成熟12～15月龄，当体重达到成年母羊的85%时，可进行第一次配种，一般初配年龄以18月龄为宜。

山羊的性成熟比绵羊略早，如青山羊的初情期为（108.42±17.75）日龄，马头山羊为（154.30±16.75）日龄。

三、发情

发情为母羊在性成熟以后，所表现出的一种具有周期性变化的生理现象。母羊发情时有以下表现特征：

1. 性欲

性欲是母羊愿意接受公羊交配的一种行为。母羊发情时，一般不抗拒公羊接近或爬跨，或者主动接近公羊并接受公羊的爬跨交配。在发情初期，性欲表现不甚明显，以后逐渐显著。排卵以后，性欲逐渐减弱，到性欲结束后，母羊则拒绝公羊接近和爬跨。

2. 性兴奋

母羊发情时，表现为兴奋不安。

3. 生殖道发生一系列变化

外阴部充血肿大，柔软而松弛，阴道黏膜充血发红。上皮细胞增生，前庭腺分泌物增多，子宫颈开放，子宫蠕动增强，输卵管的蠕动、分泌和上皮纤毛的波动也增强。

4. 卵泡发育和排卵

卵巢上有卵泡发育成熟，发育成熟后卵泡破裂，卵子排出。

母羊在某一时期出现上述四方面的特征，通常都称为发情。母羊从开始表现上述特征到这些特征消失为止，这一时期叫发情持续期。

母羊的发情持续期与品种、个体、年龄和配种季节等有密切的关系。如中国美利奴羊为1～2天，山东小尾寒羊为(30.23±4.84)小时；马头山羊为2～3天，波尔山羊为1～2天，青山羊为(49.56±11.83)小时。

羊在发情期内，若未经配种，或虽经配种但未受孕时，经过一定时期会再次出现发情。由上次发情开始到下次发情开始的期间，称为发情周期。发情周期同样受品种、个体和饲养管理条件等因素的影响。如阿勒泰羊为16～18天，湖羊为17.5天，成都麻羊为20天，雷州山羊为18天，波尔山羊为14～22天。

四、怀孕

绵羊、山羊从开始怀孕到分娩，这一时期称为怀孕期或妊娠期。怀孕期的长短，因品种、多胎性、营养状况等的不同而略有差异。

早熟品种多半是在饲料比较丰富的条件下育成，怀孕期较短，平均为145天左右；晚熟品种多在放牧条件下育成的，怀孕期较长，平均为149天左右。

部分绵羊、山羊品种平均怀孕期如下：南丘羊144天，施罗普夏羊145天，萨福克羊147天，罗姆尼羊148天，考力代羊150天，中国美利奴羊为(151.6±2.31)天，无角道赛特羊为(147.39±1.46)天，波德代羊为(145.62±1.52)天，小尾寒羊为(148.29±2.06)天，马头山羊为(149.68±5.35)天，建昌黑山羊为(149.13±2.69)天，波尔山羊为(148.2±2.6)天。

第二节　配种方法和人工授精

一、羊的配种方法

羊的配种方法有两种，即自然交配和人工授精。

自然交配是养羊业中最原始的配种方法。这种配种方法是在绵羊的繁殖季节，将公羊、母羊混群放牧，任其自由交配。用这种方法配种时，节省人工，不需要任何设备。如果公羊、母羊比例适当(一般1∶30～1∶40),受胎率也相当高。但是,用这种方法配种也有许多缺点,由于公羊、母羊混群放牧,公羊在一天中追逐母羊交配,故影响羊群的采食抓膘,而且公羊的精力也消耗太大;无法了解后代的血缘关系;不能进行有效的选种选配;另外,由于不知道母羊配种的确切时间,无法推测母羊的预产期,同时由于母羊产羔时期拉长,所产羔羊年龄大小不一,从而给管理上造成困难。

近年来,赵有璋等在技术、设备、劳动力等条件不足的甘肃省甘南牧区,利用家畜性行为特点,到繁殖季节,将几只体质健壮、精力充沛和精液品质良好的种公羊同时投入繁殖母羊群中,公母比例为1∶(80～100),让公母羊自由交配。但是每天必须将公羊从母羊群中分隔出来休息半天,并且进行补饲,保证其配种需要的营养。实践证明,这种方法效果十分理想。

为了克服自然交配的缺点,但又不需进行人工授精时,可采用人工辅助交配法。即公、母分群放牧,到配种季节每天对母羊进行试情,然后把挑选出来的发情母羊与指定的公羊进行交配。

采用这种方法配种,可以准确登记公羊、母羊的耳号及配种日期,从而能够预测分娩期,节省公羊精力,提高受配母羊头数,同时也比较有利于羊的选配工作。

羊的人工授精是指通过人为的方法,将公羊的精液输入母羊的生殖器内,使卵子受精以繁殖后代,它是近代畜牧科学技术的重大成就之一,是当前我国养羊业中常用的技术措施,与自然交配相比有以下优点。

第一,扩大优良公羊的利用率。在自然交配时,公羊射一次精只能配一只母羊。如果采用人工授精的方法,由于输精量少和精液可以稀释,公羊的一次射精量,一般可供几只或几十只母羊的授精之用。

因此,应用人工授精方法,不但可以增加公羊配母羊的数量,而且还可以充分发挥优良公羊的作用,迅速提高羊群质量。

第二,可以提高母羊的受胎率。采用人工授精的方法,由于将精液完全输送到母羊的子宫颈或子宫颈口,增加了精子与卵子结合的机会,同时也解决了母羊因阴道疾病或因子宫颈位置不正所引起的不育;再者,由于精液品质经过检查,避免了因精液品质的不良所造成的空怀。因此,采用人工授精可以提高受胎率。

第三,采用人工授精方法,可以节省购买和饲养大量种公羊的费用。例如,有适龄母羊 3 000只,如果采用自然交配方法至少需要购买种公羊 80～100 只,而如果采用人工授精方法,在我国目前的条件下,只需购买 10 只左右就行了。这样就节省了大量的购买种公羊及种公羊的饲养管理费用。

第四,可以减少疾病的传染。在自然交配过程中,由于羊体和生殖器官的相互接触,就有可能把某些传染性疾病和生殖器官疾病传播开来。

采用人工授精方法,公羊、母羊不直接接触,器械经过严格消毒,这样传染病传播机会就可以大大减少了。

第五,由于现代科学技术的发展,公羊的精液可以长期保存和实行远距离运输。这样,对于进一步发挥优秀公羊的作用,迅速改造低产养羊业的面貌将有着重要的作用。

二、配种时期的选择

羊配种时期的选择,主要是根据在什么时期产羔最有利于羔羊的成活和母仔健壮来决定。

在年产羔一次的情况下，产羔时间可分两种，即冬羔和春羔。一般 7～9 月配种，12 月份至翌年 1～2 月产羔叫冬季产羔；在 10～12 月配种，第二年 3～5 月产羔叫产春羔。

国营羊场和农牧民饲养户产冬羔还是产春羔，不能强求一律，要根据所在地区的气候和生产技术条件来决定。

为了进一步分析羊最适宜的配种时间，就应当把产冬羔和产春羔的优缺点作一比较。

产冬羔的主要优点是：母羊在怀孕期，由于营养条件比较好，所以羔羊初生重大，在羔羊断奶以后就可以吃上青草，因而生长发育快，第一年的越冬度春能力强；由于产羔季节气候比较寒冷，因而肠炎和羔羊痢疾病的发病率比春羔低，故羔羊成活率比较高；绵羊冬羔的剪毛量比春羔高，但是，在冬季产羔必须贮备足够的饲草饲料和准备保温良好的羊舍。同时，劳力的配备也要比产春羔的多，如果不具备上述条件，产冬羔则会给养羊业生产带来损失。

产春羔时，气候已经开始转暖，因而对羊舍的要求不严格。同时，由于母羊在哺乳前期已能吃上青草，因此能分泌较多的奶汁哺乳羔羊。但产春羔的主要缺点是母羊在整个怀孕期处在饲草饲料不足的冬季，母羊营养不良，因而胎儿的个体发育不好，初生重比较小，体质弱，这样的羔羊，虽经夏秋季节的放牧可以获得一些补偿，但是，紧接着冬季到来，羔羊比较难于越冬度春；绵羊在第二年剪毛时，无论剪毛量，还是体重，都不如冬羔高；另外，由于春羔断奶时已是秋季，故对断奶后母羊的抓膘有影响，特别是在草场不好的地区，对于母羊的发情配种及当年的越冬度春都有不利的影响。

三、羊的人工授精组织和技术

1. 站址的选择及房舍设备

羊的人工授精站的站址，一般应选择在母羊分布密度大、水草条件好、有足够的放牧地、交通比较方便、无传染病、地势比较平坦、避风向阳而又排水良好的地方。

人工授精站需要有一定数量和一定规格的房屋和羊舍。房屋主要是采精室、精液处理室和输精室。羊舍主要是种公羊舍，试情公羊舍及试情圈等。在有条件的羊场、乡村或专业户，还应考虑修建工作人员住房及库房等建筑。

采精室、精液处理室和输精室要求光线充足，地面坚实(最好辅砖块)，以便清洁和减少尘土飞扬；此外空气要新鲜，并且互相连接，以利于工作；室温要求保持在18～25℃。面积：采精室12～20平方米，精液处理室8～12平方米，输精室20～30平方米。

种公羊舍要求地面干燥，光线充足，有结实而简单的门栏，有补饲用的草架和饲槽。总之，一切建筑(也可以用塑料暖棚)既要有利于操作，又要因地制宜，力求做到科学、经济和实用。

2. 器械药品的准备

人工授精所需要的各种器械，如假阴道内胎、假阴道外壳、输精器、集精杯、金属开膣器等，以及常用的各种兽医药品和消毒药品，要按授精站的规模和承担的任务，事前做好充足的准备(表7－1)。

表 7-1 授配 1000 只母羊任务的羊人工授精站所需器械、药品和用具

序号	名称	规格	单位	数量
1	显微镜	300～600 倍	架	1
2	蒸馏器	中型	套	1
3	天平	0.1～100 克	台	1
4	假阴道外壳		个	6～10
5	假阴道内胎		条	15～20
6	假阴道塞子（带气嘴）		个	8～10
7	玻璃输精器	1 毫升	支	20～30
8	输精量调节器		个	4～6
9	集精杯		个	15～20
10	金属开膣器	大、小两种	个	各 2～3
11	温度计	100℃	支	4～6
12	寒暑表		个	3
13	载玻片		盒	1
14	盖玻片		盒	1～2
15	酒精灯		个	2
16	玻璃量杯	50 毫升、100 毫升	个	各 2～3
17	玻璃量筒	500 毫升、1 000 毫升	个	各 2
18	蒸馏水瓶	5 000 毫升、10 000 毫升	个	各 1～2
19	玻璃漏斗	8 厘米、12 厘米	个	各 2～3
20	漏斗架		个	1～2
21	广口玻塞瓶	125 毫升、500 毫升	个	4～6
22	细口玻塞瓶	500 毫升、1 000 毫升	个	各 1～2
23	玻璃三角烧瓶	500 毫升	个	3

（续表）

序号	名称	规格	单位	数量
24	洗瓶	500 毫升	个	4
25	烧杯	500 毫升	个	4
26	玻璃皿	10～12 厘米	套	4～6
27	带盖搪瓷杯	250 毫升、500 毫升	个	各 2～3
28	搪瓷盘	20 厘米×30 厘米 40 厘米×50 厘米	个	2
29	钢精锅	27～29 厘米、带蒸笼	个	1
30	长柄镊子		把	2
31	剪刀	直头	把	2
32	吸管	1 毫升	支	10～15
33	广口保温瓶	手提式	个	4
34	玻璃棒	0.2 厘米、0.5 厘米	根	各 20～30
35	酒精	95%，500 毫升	瓶	8～10
36	氯化钠	95%，500 毫升	瓶	2～3
37	碳酸氢钠或碳酸钠		千克	2～3
38	白凡士林		千克	1
39	药勺	角质	个	3～4
40	试管刷	大、中、小	个	各 2～3
41	滤紙		盒	5
42	擦镜纸		张	200
43	煤酚皂	500 毫升	瓶	2～3
44	手刷		个	2～3
45	纱布		千克	1～2
46	药棉		千克	2

（续表）

序号	名称	规格	单位	数量
47	试情布	30 厘米×40 厘米	块	30～50
48	搪瓷脸盆		个	4
49	高压消毒锅	中型	个	1
50	煤油灯或汽灯		个	3
51	盛水桶		个	2～3
52	暖水瓶	3.6 升	个	3
53	火炉或电炉	带烟囱,2000 瓦	套,个	2,3
54	桌子		张	3
55	凳子		张	4
56	塑料桌布		米	3～4
57	器械箱		个	2
58	手电筒	带电池	个	4
59	羊耳标、耳标钳、记号笔	塑料和不锈钢	套	1 套、带耳标 1 200 个
60	工作服		套	每人 1 套
61	肥皂、洗衣粉		条、包	各 5～10
62	碘酒		毫升	500
63	煤		吨	2
64	配种记录本		本	每群 1 本
65	公羊精液检查记录		本	3
66	采精架		个	1
67	输精架		个	2～3
68	临时打号用染料			若干
69	其他			

3. 公羊的准备

对参加配种的公羊，配种开始前 1.0～1.5 个月，应指定有关技术人员对其精液品质进行检查，目的有二：一是掌握公羊精液品质情况，如发现问题，可及早采取措施，以确保配种工作的顺利进行；另一目的是排除公羊生殖器中长期积存下来的衰老、死亡和解体的精子，促进种公羊的性机能活动，产生新精子。因此，在配种开始以前，每只种公羊至少要排精液 15～20 次，开始每天可采排精液一次，在后期每隔一天采排精液一次，对每次采得的精液都应进行品质检查。

如果公羊初次参加配种，在配种前 1 个月左右，应有计划地对公羊进行调教。调教办法：让公羊在采精室与发情母羊本交几次；把发情母羊的阴道分泌物抹在公羊鼻尖上以刺激其性欲；注射丙酸睾酮，每次 1 毫克，隔 1 天 1 次；每天用温水把阴囊洗干净、擦干，然后用手由下而上地轻轻按摩睾丸，早、晚各一次，每次 10 分钟；别的公羊采精时，让被调教公羊在旁边“观摩”；加强饲养管理，增加运动里程和运动强度等。

试情公羊的准备：由于母羊发情症状不明显，发情持续期短，漏过一次就会耽误配种时间至少半个多月。因此，在人工授精工作中，必须用试情公羊每天从大群待配母羊中找出发情母羊适时进行配种，所以试情公羊的作用不能低估。选作试情公羊的个体必须体质结实，健康无病，行动灵活，性欲旺盛，生产性能良好，年龄在 2～5 岁。试情公羊的数量一般为参加配种母羊数的 2%～4%。

4. 母羊群的准备

凡确定参加人工授精的母羊，要单独组群，认真管理，防止公羊、母羊混群，防止偷配。在配种开始前5～7天，被挑选出的母羊应进入授精站范围内的待配母羊舍(圈)；在配种前和配种期，要加强饲养管理，使羊只吃饱喝足和休息好，做到满膘配种。

5. 试情

每天清晨(或早、晚各一次)，将试情公羊赶入待配母羊群中进行试情，凡愿意与公羊接近，并接受公羊爬跨的母羊即认为是发情羊，应及时将其捕捉并送至发情母羊圈中。有的处女羊发情症状表现不明显，虽然有时与公羊接近，但又拒绝接受爬跨，这种情况也应将羊捕捉，然后辅之以阴道检查判定。

为了防止试情公羊偷配，试情时应在试情公羊腹下系上试情布，试情布要捆结实，以免阴茎脱出造成偷配。每次试情结束，要清洗试情布，以防布面变硬，擦伤阴茎。我国许多地区还推广了对试情公羊进行输精管结扎和阴茎移位，既节约了大量用布，又杜绝了偷配，同时还减轻了工作负担，受到普遍欢迎。但阴茎移位的角度要合适，每年试情工作开始前对所有阴茎移位的公羊要进行一次移位角度的检查。输精管结扎的试情公羊，一般使用2～3年后要更换。为了节省人力和时间，在澳大利亚，在公羊的试情布上安置一个特别的自动打印器，然后将系上这种试情布的试情公羊随母羊群放牧。在配种开始前，只需将羊群中臀部留有印记的母羊捕捉出来，并送至发情母羊圈中待配即可。

试情工作与配种成绩关系非常密切，在某种程度上甚至成为羊人工授精工作成败的关键。因此，在试情工作中要力求做到：认真负责，仔细观察，随时注意试情公羊的动向，及时捕捉发情母羊，随时驱散成堆的羊群，为试情公羊接触母羊创造条件；在试情过程中要始终保持安静，禁止无故惊扰羊群；为了抓尽发情母羊，每天试情时间，7～9月配种的应不少于1.5小时，10～

12 月配种的应不少于 1.0 小时。

6. 采精

(1)消毒。凡是人工授精使用的器械,都必须经过严格的消毒。在消毒以前,应将器械洗净擦干,然后按器械的性质、种类分别包装。消毒时,除不易放入或不能放入高压消毒锅(或蒸笼)的金属器械、玻璃输精器及胶质的内胎以外,一般都应尽量采用蒸汽消毒,其他采用酒精或火焰消毒。蒸汽消毒时,器材应按使用的先后顺序放入消毒锅,以免使用时在锅内乱寻找,耽误时间。凡士林、生理盐水棉球用前均需消毒好。消毒好的器材、药液要防止污染并注意保温。

(2)采精前假阴道的准备。

①假阴道的安装和消毒:首先检查所用的内胎有无损坏和沙眼,若完整无损,最好先放入开水中浸泡 3～5 分钟。新内胎或长期未用的内胎,必须用热肥皂水或洗衣粉刷洗干净、擦干,然后进行安装。

安装时先将内胎装入外壳,并使其光面朝内,而且要求两头等长,然后将内胎一端翻套在外壳上,依同法套好另一端,此时注意勿使内胎扭转,并使松紧适度,然后在两端分别套上橡皮圈固定之。

消毒时用长柄镊子夹上 65%酒精棉球消毒内胎,从内向外旋转,勿留空间,要求彻底,等酒精挥发后,用生理盐水棉球多次擦拭、冲洗。

集精杯(瓶)采用高压蒸汽消毒,也可用 65%酒精棉球消毒,最后用生理盐水棉球多次擦之,然后安装在假阴道的一端。

②灌注温水:左手握住假阴道的中部,右手用量杯或吸水球将温水从灌水孔灌入,水温 50～55℃,以采精时假阴道温度达 40～42℃为目的。水量为外壳与内胎间容量的 1/2～2/3,实践

中常以竖立假阴道，水达灌水孔即可。最后装上带活塞的气嘴，并将活塞关好。

③涂抹润滑剂：用消毒玻璃棒（或温度计）取少许凡士林，由外向内涂抹均匀一薄层，其涂抹深度以假阴道长度的1/2为宜。

④检温、吹气加压：从气嘴吹气，用消毒的温度计插入假阴道内检查温度，以采精时达40～42℃为宜。若过低或过高，可用热水或冷水调节。当温度适宜时吹气加压，使涂凡士林一端的内胎壁遇合，口部呈三角形为宜。最后用纱布盖好入口，准备采精。

(3)采精的方法和步骤。

①采精场地。首先要有固定的采精场所，以便使公羊建立交配的条件反射。如果在露天采精，则采精的场地应当避风、平坦，并且要防止尘土飞扬。采精时应保持环境安静。

②台羊的准备。对公羊来说，台羊(母羊是重要的性刺激物，是用假阴道采精的必要条件。应当选择健康、体格大小与公羊相似的发情母羊。用不发情的母羊作为台羊不能引起公羊性欲时，可先用发情母羊训练数次即可。在采精时，须先将台羊固定在采精架上。

如用假母羊作台羊，须先经过训练，即先用真母羊为台羊，采精数次，再改用假母羊为台羊。假母羊是用木料制成的木架(大小与公羊体相似)，架内填上适量的麦草或稻草，上面覆盖一张羊皮并固定之。

③公羊的牵引。在牵引公羊到采精现场后，不要使它立即爬跨台羊，要控制几分钟，再让它爬跨，这样不仅可增强其性反射，也可提高所采取精液的质量。公羊阴茎包皮孔部分，如有长毛应事先剪短，如有污物应擦洗干净。

④采精技术。采精人员用右手握住假阴道后端，固定好集

精杯(瓶),并将气嘴活塞朝下,蹲在台羊的右后侧,让假阴道靠近公羊的臀部,当公羊跨上母羊背上的同时,应迅速将公羊的阴茎导入假阴道内,切忌用手抓碰摩擦阴茎。若假阴道内的温度、压力、滑度适宜,当公羊后躯急速向前用力一冲,即已射精。此时,顺公羊动作向后移下假阴道,并迅速将假阴道竖起,集精杯一端向下,然后打开活塞上的气嘴,放出空气,取下集精杯,用盖盖好送精液处理室待检。

(4)采精后用具的清理。倒出假阴道内的温水,将假阴道、集精杯放在热水中用洗衣粉充分洗涤,然后用温水冲洗干净、擦干、待用。

7. 精液品质的检查

精液品质的检查,是保证受精效果的一项重要措施。主要检查的项目和方法如下。

(1)射精量。精液采取后,将精液倒入有刻度的玻璃管中观察即可。有的单层集精杯本身带有刻度,若用这种集精杯采精,采精后直接观察,无需倒入其他有刻度的玻璃容器。

(2)色泽。正常的精液为乳白色。如精液呈浅灰色或浅青色,是精子少的特征;深黄色表示精液内混有尿液;粉红色或淡红色表示有新的损伤而混有血液;红褐色表示在生殖道中有深的旧损伤;有脓液混入时精液呈淡绿色;精液囊发炎时,精液中可发现絮状物。

(3)精液的气味。刚采得的正常精液略有腥味,当睾丸、附睾或附属生殖腺有慢性化脓性病变时,精液有腐臭味。

(4)云雾状。用肉眼观察新采得的公羊精液,可以看到由于精子活动所引起的翻腾滚动极似云雾的状态。精子的密度越大、活力越强者,则其云雾状越明显。因此,根据云雾状表现的明显与否,可以判断精子活力的强弱和精子密度的大小。

(5)活力。用显微镜检查精子活力的方法是:用消过毒的干净玻璃棒取出原精液一滴,或用生理盐水稀释过的精液一滴,滴在擦洗干净的干燥的载玻片上,并盖上干净的盖玻片。盖时使盖玻片与载玻片之间充满精液,避免气泡产生,然后放在显微镜下放大300～600倍进行观察,观察时盖玻片、载玻片、显微镜载物台的温度不得低于30℃,室温不能低于18℃。

评定精子的活率,是根据直线前进运动的精子所占的比例来确定其活率等级。在显微镜下观察,可以看到精子有3种运动方式:一是前进运动:精子的运动呈直线前进运动;二是回旋运动:精子虽也运动,但绕小圈子回旋转动,圈子的直径很小,不到一个精子的长度;三是摆动式运动:精子不变其位置,而在原地不断摆动,并不前进。

除以上3种运动方式之外,往往还可以看到没有任何运动的精子,呈静止状态。除第一种精子具有受精能力外,其他几种运动方式的精子不久即会死亡,没有受精能力。故在评定精子活率等级时,应根据在显微镜下活泼前进运动的精子在视野中所占的比例来决定。如有70%的精子作直线前进运动,其活率评为0.7,以此类推。一般公羊精子的活率应在0.6以上才能供输精用。

(6)密度。精液中精子密度的大小是精液品质优劣的重要指标之一。用显微镜检查精子密度的大小,其制片方法(用原精液)与检查活率的制片方法相同。通常在检查精子活率时,同时检查密度。公羊精子的密度分为“密”“中”和“稀”3级。

密:精液中精子数目很多,充满整个视野,精子与精子之间的空隙很小,不足容1个精子的长度,由于精子非常稠密,所以很难看出单个精子的活动情形。

中:在视野中看到的精子也很多,但精子与精子之间有着明晰的空隙，彼此间的距离相当于1～2个精子的长度。

稀：在视野中只有少数精子，精子与精子之间的空隙很大，约超过2个精子的长度。

另外，在视野中如看不到精子，则以“0”表示。

公羊的精液含副性腺分泌物少，精子密度大。所以，一般用于输精的精液，其精子密度至少是“中级”。

8. 精液的稀释

（1）精液稀释的目的。

①增加精液容量和扩大配种母羊的头数。在公羊每次射出的精液中，所含精子数目甚多，但真正参与受精作用的只有少数精子，因此，将原精液作适当的稀释，即可增加精液容量，进而可以为更多的发情母羊配种。

②延长精子的存活时间，提高受胎率。精液经过适当的稀释后，可以延长精子存活时间，其主要原因是：减弱副性腺分泌物对精子的有害作用，因为副性腺分泌物中含有大量的氯化钠和钾，它们会引起精子膜的膨胀和中和精子表面的电荷；能补充精子代谢所需要的养分；缓冲精液中的酸碱度；抑制细菌繁殖，减弱细菌对精子的危害作用。由于精液稀释后延长了精子的存活时间，故有助于提高受胎率。

③精液通过适度的稀释，可延长精子的存活时间，故有利于精液的保存和运输。

（2）几种常用的稀释液。为增加精液容量而进行稀释时，可用以下几种稀释液。

一是0.9％氯化钠溶液。蒸馏水100毫升，氯化钠0.9克。将氯化钠加入蒸馏水中，用玻璃棒搅拌，使其充分溶解，然后用滤纸过滤，再经过煮沸消毒或高压蒸汽消毒。消毒后因蒸发所减少的水分，用蒸馏水补充，以保持溶液原来的浓度。

二是乳汁稀释液。先将乳汁(牛乳或羊乳)用4层纱布过滤在三角瓶或烧杯中,然后隔水煮沸消毒10～15分钟,取出冷却,除去乳皮即可应用。

上述稀释简便易行,但只能即时输精用,不能作保存和运输精液之用,稀释倍数一般为1～3倍。

若需大倍稀释,并保存一定时间和远距离运送的绵羊精液,根据王福臣等在大面积上进行7年的研究和实践,可采用以下两种稀释液:

1号液:枸橼酸钠1.4克,葡萄糖3.0克,新鲜卵黄20克,青霉素10万国际单位,蒸馏水100毫升。

2号液:枸橼酸钠2.3克,胺苯磺胺0.3克,蜂蜜10克,蒸馏水100毫升。

上述稀释液稀释精液的倍数,若原精液每毫升精子密度10亿个,活率0.8以上,可进行10倍稀释;密度20亿个,活率0.9以上,可进行20倍稀释。然后用安瓿分装,用纱布包好,置于5～10℃的冷水保温瓶内贮存或运输。但在运输过程中,要防止震荡和升温。

9. 输精

在羊人工授精的实际工作中,因为母羊发情持续时间短,再者很难准确地掌握发情开始时间,所以,当天抓出的发情母羊就在当天配种1～2次(若每天配一次时在上午配,配2次时上、下午各配一次),如果第二天继续发情,则可再配。

将待配母羊牵到输精室内的输精架上固定好,并将其外阴部消毒干净。输精员右手持输精器,左右持开膣器,先将开膣器慢慢插入阴道,再将开膣器轻轻打开,寻找子宫颈。如果在打开开膣器后,发现母羊阴道内黏液过多或有排尿表现,应让母羊先排尿或设法使母羊阴道内的黏液排净,然后将开膣器再插入阴道，细心寻找子宫颈。子宫颈附近黏膜颜色较深，当阴道打开后，向颜色较深的方向寻找子宫颈口可以顺利找到。找到子宫颈后，将输精器前端插入子宫颈口内 0.5～1.0 厘米深处，用拇指轻压活塞，注入原精液 0.05～0.1 毫升或稀释液 0.1～0.2 毫升。如果遇到初配母羊，阴道狭窄，开膣器插不进或打不开，无法寻见子宫颈时，只好进行阴道输精，但每次至少输入原精液 0.2～0.3 毫升。

在输精过程中，如果发现母羊阴道有炎症，而又要使用同一输精器精液进行连续输精时，在对有炎症的母羊输完精之后，用 96％的酒精棉球擦拭输精器进行消毒，以防母羊相互传染疾病。但使用酒精棉球擦拭输精器时，要特别注意棉球上的酒精不宜太多，而且只能从后部向尖端方向擦拭，不能倒擦。酒精棉球擦拭后，用 0.9％的生理盐水棉球重新再擦拭一遍，才能对下一只母羊进行输精。

输精后用具的洗涤与整理：输精器用后立即用温碱水或洗涤剂冲洗，再用温水冲洗，以防精液黏固在管内，然后擦干保存。开膣器先用温碱水或洗涤剂冲洗，再用温水洗，擦干保存。其他用品，按性质分别洗涤和整理，然后放在柜内或放在桌上的搪瓷盘中，用布盖好，避免尘土污染。

第三节　冷冻精液技术在养羊业中的运用

一、羊精液冷冻和保存技术

1. 器械消毒

采精前一天清洗各种器械（先以肥皂粉水清洗，再以清水冲洗 3～5 次，最后用蒸馏水冲洗一次，晾干）。玻璃器械采用干燥箱高温消毒，其余器械用高压锅或紫外线灯进行消毒。

2. 待冷冻用的鲜精品质

各项指标正常或良好，其中密度应在20亿/毫升以上，活率在0.7以上，精子抗冻性好（冷冻解冻后活率在0.3以上）。

3. 稀释液介绍

在我国养羊业中，经过在较大羊群中试验，效果良好的几种稀释液配方。配方如下：

一是中国农业科学院研制的葡3－3高渗稀释液。

Ⅰ液：葡萄糖3克，枸橼酸钠3克，加重蒸馏水至100毫升。取溶液80毫升，加卵黄20毫升。

Ⅱ液：取Ⅰ液44毫升，加甘油6毫升。

二是新疆农垦绵羊冻精技术科研协作组研制的9－2脱脂牛奶复合糖稀释液（颗粒精液配方）。

Ⅰ液：10克乳糖加重蒸馏水80毫升，鲜脱脂牛奶20毫升，卵黄20毫升。

Ⅱ液：取Ⅰ液45毫升加葡萄糖3克，甘油5毫升。

三是甘肃农业大学赵有璋教授主持的“提高绵羊、山羊冷冻精液品质研究”项目组研制的冻精稀释液最优配方。

肉用绵羊：三基3.0285克，柠檬酸1.6593克，蔗糖2.15673克，果糖0.75克，维生素E6毫升，卵黄15%（V/V），甘油4.0%（V/V），青霉素和链霉素各为10万国际单位。

波尔山羊：三基4.361克，葡萄糖0.654克，蔗糖1.6克，柠檬酸1.972克，谷氨酸0.04克，卵黄18毫升，甘油6毫升，青霉素、链霉素各10万国际单位，双蒸水100毫升。

4. 稀释倍数

绵羊、山羊精液的稀释程度关系到精液冷冻的成败，精液稀释的重要目的是保护精子在降温、冷冻和解冻过程中免受低温损害。但是，为了增加1次采得精液的输精次数或调整输精剂量中的精子数，稀释比例也常有变化。根据大量的研究与实践，绵羊、山羊精液在冷冻之前的稀释比例一般为1∶(1～3)。

5. 稀释程序

两步稀释法：先用不含甘油的稀释液初步稀释后，冷却到0～5℃，再用已经冷却到同温度的含甘油稀释液做第二次稀释。

一步稀释法：把含有甘油的稀释液在30℃时对精液进行一次稀释。

6. 冻前的降温和平衡

首先，稀释后的精液冷却到平衡温度时速度不能过快，特别是降到22℃以下后，精子受温度打击的影响比在22℃以上时要更为敏感。一般来说需用1小时左右的时间使精液逐渐冷却。所谓精液的"平衡"，是指精液冷冻前在稀释液中停放一段时间，使稀释液中的物质与精细胞之间相互作用，以达到精细胞内部和外部环境之间物质的平衡。而平衡时间是指用稀释液稀释原精液到稀释精液冷冻之间所间隔的时间。绵羊冷冻精液的研究中，精液的平衡，由最早的8小时、12小时甚至12小时以上缩短到3小时、2小时或1小时。目前，多数在3小时左右。若采用两步稀释法，临冻前加入含甘油的Ⅱ液，甘油实际上不参加平衡。毛风显研究指出，波尔山羊精液平衡采用温水水浴降温优于纱布包裹，而且以4小时降温效果最好。

7. 精液的冷冻类型

绵羊、山羊精液分为颗粒、安瓿和细管3种冷冻类型。欧洲各国多将稀释后的精液分装于塑料细管或玻璃安瓿中冷冻，并有向细管方向发展的趋势。澳大利亚和俄罗斯则多冷冻成颗粒状，但澳大利亚主要采用腹腔镜子宫角输精方法。我国以颗粒状为主，安瓿和细管冻精也有部分生产。颗粒法最为简便，所需器材设备少，但缺点是不能单独标记，容易混杂，并且解决时需一粒粒进行，速度很慢，费时费事。从理论上讲，在冷冻和解冻过程中，细管受温较匀，冷冻效果应该较好。

8. 颗粒精液冷冻技术

冷冻颗粒时多采用干冰滴冻法，即将精液直接滴在干冰面上的小凹内冷冻。或用液氮熏蒸铝板或氟塑料板，然后把精液滴在板面上冷冻。颗粒的大小一般在0.1毫升左右，颗粒过大时里层和外层精液的受温过于不匀效果较差，颗粒过小在解冻时又太费事也很不方便。根据徐大康(1990)在生产实践中运用并取得较好效果的方法如下。

(1)氟板法。初冻温度为－100～－90℃，将液氮盛入铝盒做的冷冻器中，然后把氟板浸入液氮中预冷数分钟后(氟板不沸腾为准)，将氟板取出平放在冷冻器上，氟板与液氮面的距离为1厘米，再加盖3分钟，后取开盖。按每颗粒0.1毫升剂量滴冻，滴完后再加盖4分钟，然后将氟板连同冻精一起浸入液氮中，并分装保存于液氮中。

(2)铜纱网法。将液氮盛入约6千克广口瓶，距瓶口约7厘米，然后将铜纱网浸入液氮中3分钟，并在铜纱网底下作距液氮面1厘米的漂浮器将铜纱网漂在液氮面上，进行滴冻，滴完后加盖4分钟，将铜纱网浸入液氮中，然后解冻，镜检，合乎要求者分装保存。

9. 冷冻精液的分装入库和保存管理

(1)质量检测。每批制作的冷冻颗粒精液，都必须抽样检测，一般要求每颗粒容量为0.1毫升，精子活率应在0.3以上，每颗粒有效精子1000万个(可定期抽检),凡不符上述要求的精液不得入库贮存。

(2)分装。颗粒冻精一般按30～50粒分装于1个纱布袋或一个小玻璃瓶中。

(3)标记。每袋颗粒冻精液须标明公羊品种、公羊号、生产日期、精子活率及颗粒数量,再按照公羊号将颗粒精液袋装入液氮罐提筒内,浸入并固定在液氮罐内贮存。

(4)分发、取用。取用冷冻精液应在广口液氮罐或其他容器内的液氮中进行。冷冻精液每次脱离液氮时间不得超过5秒。

(5)贮存。贮存冻精的液氮罐应放置在干燥、凉爽、通风和安全的库房内。由专人负责,每隔5～7天检查一次罐内的液氮容量,当剩余的液氮为容量的2/3时,须及时补充。要经常检查液氮罐的状况,如果发现外壳有小水珠、挂霜或者发现液氮消耗过快时,说明液氮罐的保温性能差,应及时更换。

(6)记载。每次入库或分发,或耗损报废的冷冻精液数量及补充液氮的数量等,必须如实记载清楚,并做到每月结算一次。

二、冷冻精液的重要意义和作用

第一,充分发挥优良种公羊的利用率。制作冷冻精液可使一只优秀种公羊年产8 000头份以上的可供授精用的颗粒冻精,或可生产0.25型细管冻精10 000枚以上。

第二,不受地域限制,可充分发挥优秀种公羊的作用。由于优秀种公羊的精液在超低温下保存,可将其运到任何一个地区为母羊输精,这样就不需要再从异地引进活的公羊。

第三,不受种公羊生命的限制,在优秀公羊死亡后,仍可用它生前保存下来的精液输精,产生后代。这样就可以把最优良或最有育种价值的羊种遗传资源长期保存下来,随时可以取用,这对绵羊、山羊的遗传育种和保种工作具有重大的科学价值。如澳大利亚 Salamon 于 1972 年用保存 11 年的绵羊冻精进行子宫颈输精，产羔率为 55%(n=159)；新疆畜牧科学院田可川等(1999)用已经冷冻保存 20 年的澳洲美利奴公羊冻精，借助腹腔镜进行子宫角输精方法，受胎率达 40.58%(28/69)。

第四，可以同时配许多母羊，便于早期对后备公羊进行后裔鉴定。

第五，可节省大批因引进种公羊和种公羊的饲养管理所花销的费用，降低成本，提高经济效益。

但是，羊的冷冻精液，特别是绵羊的冷冻精液，还有许多相关理论、技术和方法等问题至今没有很好解决。因此，与使用鲜精相比，受胎率还有一定的差距。

三、解冻方法

颗粒冻精的解冻方法，一般分为干解冻法和湿解冻法。如邵桂芝等(19%)对绒山羊的冷冻精液采用干解冻法，即将一粒精液放入灭菌小试管中，置于 60℃水浴中快速融化至 1/3 颗粒大时，迅速取出在手中轻轻揉搓至全部融化。徐大康等(1990)对绵羊冻精采用湿解冻法：在电热杯 65～70℃高温水浴中解冻，用 1 毫升 2.9%枸橼酸钠解冻液冲洗已消毒过的试管，倒掉部分解冻液，管内留 0.05～0.1 毫升解冻液时行湿解冻。每次分别解冻两粒，轻轻摇动解冻试管，直至冻精融化到绿豆粒大时，迅速取出置于手中揉搓，借助于手温至全部融化，解冻后的精液立即进行镜检。凡直线运动的精子达 0.35 以上者，均可用于输精。

甘肃农业大学“提高绵羊、山羊冷冻精液品质研究”项目组对绵羊、山羊冻精均用 37℃维生素 B_{12} 解冻，效果都比较理想。

四、输精技术和方法

1. 输精时间和输精次数

根据研究，母绵羊应在发情中期或后半期输精。若只输精一次的母绵羊，输精时间在发情后15～17小时进行，但在生产实践中，母羊开始发情时间不好确定，因此可用试情公羊将发情母羊找出来，当发情母羊被试情出来后，随即对其进行输精，相隔10～12小时再输精一次，直至发情终止。山羊最好在发情开始后约8小时输精，如第二天仍在发情，应再输精一次。用冷冻精液解冻后输精，一般应一天输2次。

2. 输精方法

输精时精液沉积的位置对受胎率有明显的影响。Graham等采用法国输精器，将精液输入子宫颈中部时，其受胎率和产羔率分别为59.6%和89.4%；当精液输入宫颈外口时，受胎率和产羔率为31.3%和43.1%。Platov (1983)指出，精子在雌性生殖道里的生活力、受精力取决于其达到受精部位的能力。如果将精子渗入能力记分为0 (无能力)～1 (最高能力)，新鲜精液，低温保存和冷冻保存精子分别为0.8～1.0分、0.5～0.8分、0.4分。据Loginova等(1968)观察，绵羊精子在输卵管内的存活时间，鲜精为9～10小时，冻精为5.5小时。因此，为了提高羊冷冻精液受胎率和产羔率，在输精时应注重输精部位和输精次数。

子宫颈输精法：母羊子宫颈通道狭窄(长4～10厘米，外径2～3厘米)，管腔弯曲，宫颈壁轮状环特别发达，对多数母羊来说很难做到深部输精。在前苏联，用得较多的子宫颈深部输精器是螺旋式输精器，输入深度达2.5厘米以上。受精率与宫颈结构(通过的难易)、发情阶段、胎次、母羊年龄及输精人员技术熟练程度有关,产羔率随输入深度的增加而提高。应当指出,不是所有母绵羊都能进行子宫颈深部输精。

根据前苏联有关报道,用螺旋头输精器,证明随输入子宫颈深度的增加,受胎率不断提高。总结有关资料后,提出了受胎率与输精深度关系的公式:

$$\text{冻配受胎率 } F=30\%+\frac{\text{输精部位距子宫颈}}{\text{外口之深度(厘米)}}\times 12.5\%$$

甘肃农业大学赵有璋主持的"提高绵羊、山羊颗粒冻精品质的研究"项目组经过5年(1997～2002)的攻关研究,比较理想地解决了这一问题。项目组以冷冻解冻后的精子活率、生存指数、顶体完整率、GOT释放量、LDH释放量和ALP释放量等重要客观指标为依据,研制出新的高水平的绵羊精液冷冻稀释液配方9个、波尔山羊精液冷冻稀释液配方1个;以冷冻解冻精子活力、生存指数、顶体完整率和精液中GOT释放量等为评价指标,建立了生产高品质冻精的优化程序:原精液(密度在20亿个/毫升以上,活率在0.7以上,畸形率在15.0%以下)与稀释液按1∶3稀释→二次稀释法:38℃下用Ⅰ液(不含甘油)稀释原精液,4℃下再加入Ⅱ液(含甘油)→200毫升体积水浴1.5小时水浴平衡法→45～55℃下滴冻→38℃水浴中每2粒冻精加50微升维生素B_{12}

同时,项目组还研究要获得理想的子宫颈型冻精配种效果,必须具备以下条件(优化模式):优良的冻精品质(活率0.4以上,每粒有效精子5 000万个以上)→良好的授配母羊群(膘情中上等以上,处在发情期的经产母羊)→熟悉冻配操作技术、工作认真负责的技术员→相应配套的输精器材(前端略弯的羊用玻璃输精器、带光源的开膣器)→符合人工授精要求的配种工作室(室温在15～25℃)→适时输精，并实施子宫颈内1.5厘米以上深度输精并对被配母羊群给予良好的饲养管理条件；并制定了科学、有效、实用的羊冻精配种工作操作规程。用上述技术生产的颗粒冻精，冷冻保存409天后，其解冻后活率在0.5以上；2002年用项目组生产的冻精给当地土种母绵羊300只授配，情期受胎率65.67%，情期受胎产羔母羊率82.23%，经甘肃省科技厅组织专家鉴定，总体研究成果达到了国内领先水平。

子宫内输精法：Ande-en (1973)试验通过子宫颈将精液输入子宫内获得成功，成功率为61.8%(136/220)。张坚中等(1991)借用腹腔镜进行绵羊冷冻精液子宫角输精，情期产羔母羊率为61.6%(45/75)。新疆维吾尔自治区畜牧科学院田可川等(1999)用已经冷冻保存20年的澳洲美利奴公羊冻精，借助腹腔镜进行子宫角输精，冻精解冻后活力虽然只有0.1～0.2，但受胎率仍达到40.58%(28/69)。

现在几种可提高冻精受精率的技术中，以腹腔镜操作实行子宫内输精的产羔率比较高。用腹腔镜在子宫内输精不仅能稳定获得比较高的产羔率，而且可以大大减少输入活精子数，但要在生产实践中大面积应用还有相当的距离。

产羔是养羊业生产中的主要收获季节之一。因此，要特别重视，认真组织和安排好劳动力，确保丰产丰收。

五、产羔前的准备工作

1. 接羔棚舍及用具的准备

我国地域辽阔，各地自然生态条件和经济发展水平差异很大，接羔棚舍(在较寒冷地区可用塑料暖棚)及用具的准备，应当因地制宜，不能强求一致。

如青海省规定：300只产羔母羊至少应有接羔室90平方

米，有条件的单位面积还可更大一些，暂时没有条件修建接羔室者，应在羊舍内临时修建接羔棚；每个产羔母羊群至少要有10个分娩栏，50～80个护腹带，2～4个接羔袋。

新疆要求冬产母羊每只应有产羔舍面积2平方米左右，分娩栏数量为产羔母羊数的10%～15%。

产羔工作开始前3～5天，必须对接羔棚舍、运动场、饲草架，饲槽、分娩栏等进行修理和清扫，并用3%～5%的碱水或10%～20%的石灰乳溶液或其他消毒药品进行比较彻底的消毒。

消毒后的接羔棚舍，应当做到地面干燥，空气新鲜，光线充足，挡风御寒。

接羔棚舍内可分大、小两处，大的一处放母子群，小的一处放初产母子。

运动场内亦应分成两处，一处圈母子群，羔羊小时白天可留在这里，羔羊稍大时，供母子夜间停宿；另一处圈待产母羊群。

2. 饲草、饲料的准备

在牧区，在接羔棚舍附近，从牧草返青时开始，在避风、向阳、靠近水源的地方用土墙、革坯或铁丝网围起来，作为产羔用草地，其面积大小可根据产草量、牧草的植物学组成以及羊群的大小、羊群品质等因素决定，但至少应当够产羔母羊45天的放牧用。

有条件的羊场及农、牧民饲养户，应当为冬季产羔的母羊准备充足的青干草、质地优良的农作物秸秆、多汁饲料和适当的精料等；对春季产羔的母羊，也应准备至少可以舍饲15天所需要的饲草饲料。

3. 接羔人员的准备

接羔是一项繁重而细致的工作。因此，每群产羔母羊除主管牧工以外，还必须配备一定数量的辅助劳动力，才能确保接羔工作的顺利进行。

每群产羔母羊配备辅助劳力的多少，应根据羊群属于什么品种、羊群的质量、畜群的大小、营养状况、是经产母羊还是初产母羊，以及各接羔点当时的具体情况而定。

产羔母羊群的主管牧工及辅助接羔人员，必须分工明确，责任落实到人。在接羔期间，要求坚守岗位，认真负责地完成自己的工作任务，彻底杜绝一切责任事故发生。对所有参加接羔的工作人员，在接羔前组织学习有关接羔的知识和技术。

4. 兽医人员及药品的准备

在产羔母羊比较集中的乡、村或场队，应当设置兽医站（点），购足在产羔期间母羊和羔羊常见病的必需防治药品和器材。除平时值班兽医一人外，还应临时增加一人，以便巡回检查，做到及时防治。此外，对一些常见病、多发病，可将预防药物按剂量包好，交给经过培训的放牧员，按规定及时投服。

六、接羔

1. 临产母羊的特征

母羊临产前，表现为乳房肿大，乳头直立；阴门肿胀潮红，有时流出浓稠黏液；肷窝下陷，尤其以临产前 2～3 小时最明显；行动困难，排尿次数增多；起卧不安，不时回顾腹部，或喜卧墙角，卧地时两后肢向后伸直。

2. 产羔过程及接羔技术

母羊正常分娩时，在羊膜破后几分钟至 30 分钟左右，羔羊即可产出。正常胎位的羔羊，出生时一般是两前肢及头部先出，并用头部紧靠在两前肢的上面。若是产双羔，先后间隔 5～30

分钟,但也偶有长达数小时以上的。因此,当母羊产出第一个羔后,必须检查是否还有第二个羔羊,方法是以手掌在母羊腹部前侧适力颠举,如系双胎,可感触到光滑的羔体。

在母羊产羔过程中,非必要时一般不应干扰,最好让其自行娩出。但有的初产母羊因骨盆和阴道较为狭小,或双胎母羊在分娩第二头羔羊并已感疲乏的情况下,这时需要助产。其方法是:人在母羊体躯后侧,用膝盖轻压其肷部,等羔羊嘴端露出后,用一手向前推动母羊阴部,羔羊头部露出后,再用一手托住头部,一手握住前肢,随母羊的努责向后下方拉出胎儿。若属胎势异常或其他原因难产时,应及时请有经验的畜牧兽医技术人员协助解决。

羔羊产出后,首先把其口腔、鼻腔里的黏液掏出、擦净,以免因呼吸困难、吞咽羊水而引起窒息或异物性肺炎。羔羊身上的黏液,最好让母羊舔净,这样对母羊认羔有好处。如母羊恋羔性弱时,可将胎儿身上的黏液涂在母羊嘴上,引诱它舔净羔羊身上的黏液。如果母羊不舔或天气寒冷时,可用柔软干草迅速把羔羊擦干,以免受凉。如碰到分娩时间较长、羔羊出现假死情况时,欲使羔羊复苏,一般采用两种方法:一是提起羔羊两后肢,使羔羊悬空,同时拍其背胸部;另一种是使羔羊卧平,用两手有节律地推压羔羊胸部两侧。暂时性假死的羔羊,经过这种处理后,即能复苏。

羔羊出生后,一般情况下都是由自己扯断脐带。在人工助产下娩出的羔羊,可由助产者断脐带,断前可用手把脐带中的血向羔羊脐部捋几下,然后在离羔羊肚皮 3~4 厘米处剪断并用碘酒消毒。

护理羔羊的原则,根据青海省广大牧区的经验,应当做到三防、四勤,即防冻、防饿、防潮和勤检查、勤配奶、勤治疗、勤消毒。接羔室和分娩栏内要经常保持干燥,潮湿时要勤换干羊粪或干土。接羔室内温度不宜过高。青海广大牧区及羊场，接羔室内的温度要求在－5～5℃。具体要求是：

一是母子健壮，母羊恋羔性强，产后一般让母羊将羔羊身上的黏液舔干，羔羊自己吃上初奶或帮助吃上初奶以后，放在分娩栏内或室内均可。在高寒地区，天冷时还应给羔羊带上用毡片、破皮衣制作的护腹带。若羔羊产在牧地上，吃完初奶后用接羔袋背回。

二是母羊营养差、缺奶、不认羔、羔羊发育不良时，出生后必须精心护理。注意保温、配奶，防止踏伤、压死。生后先擦干身上黏液，吃上初乳。如天冷，装在接羔袋中，连同母羊放在分娩栏内，羔羊健壮时从袋内取出。要勤配奶，每天配奶次数要多，每次吃奶要少，直到母子相认，羔羊能自己吃上奶时再放入母子群。对于缺奶和双胎羔羊情况，要另找保姆羊。

三是对于病羔，要做到勤检查，早发现，及时治疗，特殊护理。不同疾病采取不同的护理方法，打针、投药要按时进行。一般体弱拉稀羔羊，要做好保温工作；患肺炎羔羊，住处不宜太热；积奶羔羊，不宜多吃奶。

产羔母羊在产羔期间，青海省广大牧区的经验是分成三小群管理，即待产母羊群、3 天以上母子群、3 天以内母子群。待产母羊群夜宿羊圈；3 天以上母子群，气候正常时，可赶到产羔草地放牧、饮水或放在室外母子圈，如羔羊小，可将羔羊放入室内；3 天以内羔羊，应将母子均留在接羔室，如母子均健壮，亦可提前放入 3 天以上母子群，如羔羊体弱，可延长留圈时间，对留圈母羊必须补饲草料和饮水。

对体弱羔羊、不认羔的母羊及其所产羔羊，都应放在分娩栏内。白天天气好时，可将室内分娩母子移到室外分娩栏，晚间再移到室内，直到羔羊健壮时再归入母子群。

细毛羊和肉用羊的纯、杂种羔羊，吃饱奶后好睡觉，如天气热，卧地太久，胃内奶急剧发酵会引起腹胀，随即拉稀。所以，在草地或圈内，不能让羔羊多睡觉，应常赶起走动。天气变化时，应立即赶回接羔室，防止因冻而引起感冒、肺炎、拉稀等疾病。

为了母子群管理上的方便，避免引起不必要的混乱，应对母子群进行临时编号，即在母子同一体侧（单羔在左、双羔在右）编上相同的临时号。

七、断尾和去势

断尾和去势的时间，最好在产后2～3周龄时进行。断尾时应选择在晴天的早晨，一般常用断尾钳或断尾铲进行断尾。断尾处大约离尾根4厘米，约在第三至第四尾椎之间，但母羔以盖住外阴部为宜。断尾烧至黑热程度，断尾时速度不宜太快，应边烙边切，以免流血。断尾后可用浓度为2%～3%的碘酒涂抹伤口进行消毒。

凡不适宜做种用的公羔应进行去势。去势时间也要选择在晴天的上午进行，由一人固定住羔羊的四肢，并使羔羊的腹部向外，另一人将阴囊上的毛剪掉，再在阴囊下1/3处涂上碘酒消毒，然后用消毒过的手术刀将阴囊下部切除一段，将睾丸挤出，慢慢拉断血管和精索，伤口处涂上消毒药物即可。

断尾、去势1～3天后应进行检查，如发现有化脓、流血等情况要进行及时处理，以防进一步感染造成羊只损失。

第四节　繁殖新技术的应用

一、同期发情

所谓同期发情或称同步发情，就是利用某些激素制剂，人为地控制并调整一群母畜的发情周期，使它们在特定的时间内集中表现发情，以便于组织配种，扩大对优秀种公羊的利用。同时，它也是胚胎移植中重要的一环，使供体和受体发情同期化，有利于胚胎移植的成功。

目前，使用的方法主要有以下两种：

1. 孕激素－PMSG 法

用孕激素制剂处理（阴道栓或埋植）母羊 10～14 天，停药时再注射孕马血清促性腺激素（PMSG），一般经 30 小时左右即开始发情，然后放进公羊或进行人工授精。阴道海绵栓比埋植法实用，即将海绵浸以适量药液，塞入羊只阴道深处，一般在 14～16 天后取出，当天肌注 PMSG400 约 750 国际单位，2～3 天后被处理的大多数母羊发情。孕激素种类及用量为：甲孕酮（MAP）50～70 毫克，氟孕酮（FGA）0～40 毫克，孕酮 150～300 毫克，18－甲基快诺酮 30～40 毫克。

2. 前列腺素法

在母羊发情后数日向子宫内灌注或肌注前列腺素（$PGF_{2\alpha}$）或氯前列烯醇或 15－甲基前列腺素，可以使发情高度同期化。但注射一次，只能使 60％～70％的母羊发情同期化，相隔 8～9 天再注射一次，可提高同期发情率。用本法处理的母羊，受胎率不如孕激素－PMSG 法，且药物较贵，不便广泛采用。

二、早期妊娠诊断

早期妊娠诊断，对于保胎、减少空怀和提高繁殖率都具有重要的意义。早期妊娠诊断方法的研究和应用，历史悠久，方法也多，但要达到相当高的准确性，并且在生产实践中应用方便，这是直到现在都在探索研究和待解决的问题。

1. 超声波探测法

用超声波的反射，对羊进行妊娠检查。根据多普勒效应设计的仪器，探听血液在脐带、胎儿血管和心脏等中的流动情况，能成功地测出妊娠26天的母羊。到妊娠6周时，其诊断的准确性可提高到98％～99％，若在直肠内用超声波进行探测，当探杆触到子宫中动脉时，可测出母体心率(90～110次/分钟)和胎盘血流声，从而准确地肯定妊娠。

2. 激素测定法

羊怀孕后，血液中孕酮含量较未孕母羊显著增加，利用这个特点对母羊可作早期妊娠诊断。如在羊配种后20～25天，用放射免疫法测定：绵羊每毫升血浆中，孕酮含量大于1.5纳克，妊娠准确率为93％；奶山羊每毫升血浆中孕酮含量在3毫克以上，妊娠准确率为98.6％；每毫升乳汁中孕酮含量在8.3纳克以上，妊娠准确率为90％。

3. 免疫学诊断法

羊怀孕后，胚胎、胎盘及母体组织分别能产生一些化学物质，如某些激素或某些酶类等，其含量在妊娠的一定时期显著增高，其中某些物质具有很强的抗原性，能刺激动物机体产生免疫反应。而抗原与抗体的结合，可在两个不同水平上被测定出来：一是荧光染料或同位素标记，然后在显微镜下定位；二是抗原与抗体结合，产生凝集反应、沉淀反应，利用这些反应的有无来判断家畜是否妊娠。早期怀孕的绵羊含有特异性抗原，这种抗原在受精后第二天就能从一些孕羊的血液里检查出来，从第8天起可以从所有试验母羊的胚胎、子宫及黄体中鉴定出来。这种抗原是和红细胞结合在一起的，用它制备的抗怀孕血清，与怀孕10～15天期间母羊的红细胞混合会出现红细胞凝集作用，如果没有怀孕，则不发生凝集现象。

三、超数排卵和胚胎移植

超数排卵就是利用促卵泡生长、成熟的激素或 PMSG 处理来改变母羊在一个发情期只排 1～2 个卵的状况，促使它在一个发情期排出更多的卵。胚胎移植就是将一头母畜(亦称供体)的受精卵或早期胚胎取出，移植到另一头母畜(亦称受体)的输卵管或子宫内，借腹怀胎，以产出供体后代的一项新技术。超数排卵和胚胎移植结合起来，就能使一只优良的母羊在一个繁殖季节里，产生比自然繁殖增加许多倍的后代。因此，这种技术能够充分发挥优良母羊的繁殖潜力，对迅速扩大良种畜群，加快养羊业的良种化进程，有着积极的作用。

甘肃省甘南藏族自治州畜牧站与夏河县桑科种羊场合作，在 1977 年使用垂体促卵泡素(FSH)和垂体促黄体素(LH)对新疆羊进行超数排卵试验，从试验羊发情的第 12 天(发情当天为第一天)起，分别给予不同方法和剂量的处理，取得了显著效果(表 7－2)。1977 年在进行受精卵移植试验中，受体为藏羊和杂种母羊，6～8 岁的占 80%，共移植 304 例。除移植入异常卵 15 只，手术发现异常 14 只，死亡 8 只外，实际统计的有效数量为 267 只。经两个性周期以上的观察，受胎率为 60%，产羔 133 只(内有双羔 3 对)，产羔率为 49.8%。移植效果最好的一只新疆母羊，取得受精卵 19 个，移植受体 19 只，受胎 14 只，早产 1 只，正产 10 只。

近年来，我国许多地区和单位，应用胚胎移植等技术，加快引入我国的优秀绵羊、山羊品种的繁殖，取得了显著的效果。如西北农林科技大学高志敏等，在 1999 年 10～11 月，分 3 批使用阴道栓＋FSH 超数排卵供体波尔山羊 13 只。在放入阴道栓的

表 7－2 不同处理方法的超数排卵效果

组别	激素剂量	外理	有效	排卵点		回收	卵	受精卵	
	FSH/LH	只数	只数	平均	范围	平均	范围	平均	范围
1	400/200	10	10	13.8	1～42	12.42	1～33	6.3	0.20
2	500～200	6	5	11.8	5～15	10.4	5～14	3.8	0～8
3	200/200	11	9	11.2	6～19	5.0	0～11	0.8	0～6
4	350/150	11	4	12.0	3～28	8.5	1～19	7.5	0～19
5	200/200	10	9	11.0	2～20	5.9	0～16	3.8	0～15

第8～10天，连续3天递减量肌肉注射FSH（澳大利亚）320毫克。9只供体羊发情、配种、采胚（有效率69.23%，9/13），平均采胚数18.11枚±5.18枚，其中，可用胚平均数15.44枚±6.31枚（可用胚率85.28%，139/163）。将139枚7日龄可用胚移植到受体关中奶山羊89只，妊娠50只，妊娠率56.18%。其中鲜胚移植妊娠率61.11%（44/72），冻胚移植妊娠率41.67%（5/12），二分割胚移植妊娠率20%（1/5）。50只妊娠受体羊共产羔68只，每只供体羊平均获羔羊1.56只。供体羊采胚后，平均39.9天发情、配种、全部妊娠产羔，平均产羔2只。胚胎移植羔羊性别、初生重、发病率与波尔羊自繁羔羊无显著差异（$P>0.05$）。这次用波尔山羊进行胚胎移植产生了明显的经济效益，而且技术成熟，可推广应用，逐步产业化。

甘肃省永昌肉用种羊场2003年年初，用35只波德代羊、无角道赛特羊作供体进行胚胎移植，共获胚胎217枚，其中，有效胚胎167枚。用当地土种母羊（蒙古品种羊）113只作受体，结果80只受体产羔100只，成活94只，情期受胎率为70.8%。这些实验为在我国广大养羊省、区利用胚胎移植技术加快绵羊种羊生产、促进产业化发展提供了经验和奠定了良好基础。

四、诱发分娩

诱发分娩是指在妊娠末期的一定时间内，注射某种激素制剂，诱发孕畜在比较确定的时间内提前分娩，它是控制分娩过程和时间的一项繁殖管理措施。使用的激素有皮质激素或其合成制剂，前列腺素及其类似物、雌激素、催产素等。绵羊在妊娠144天时，注射地塞米松（或贝塔米松）12～16毫克，多数母羊在40～60小时内产羔；山羊在妊娠144天时，肌注$PGF_{2\alpha}$20毫克或地塞米松16毫克，多数在32～120小时产羔，而不注射上述药物的孕羊，197小时后才产羔。

第八章　常见疾病防治技术

第一节　羊链球菌病

羊链球菌病是由“C”型败血性链球菌引起的羊的一种以高热、出血性败血症和胸膜肺炎为特征的急性热性、败血性传染病。

一、病原特征

羊溶血性链球菌为革兰氏阳性菌，对外界抵抗力不强，常用的消毒剂能有效杀灭。

二、流行病学

病羊和带菌羊是本病的主要传染源，主要经呼吸道和损伤的皮肤感染，绵羊和山羊均易感。本病的流行具有明显的季节性，在每年10月份到次年4月份多发。

三、临床症状

潜伏期一般为2～7天，少数可长达10天。

(一)最急性型

病羊初期不出现明显症状，常于24小时内死亡。

（二）急性型

病初体温升高到41℃以上，精神沉郁、食欲减退或废绝，反刍停止，眼结膜充血，随后流出脓性分泌物。鼻腔流出浆液性脓性鼻汁，颌下淋巴肿胀，呼吸困难，多数因窒息死亡，病程2～3天。

（三）亚急性型

精神沉郁，步态不稳，体温升高，食欲下降。排出黏液性稀便，鼻液增多，咳嗽，呼吸困难，病程1～2周。

（四）慢性型

症状表现较轻微，但预后多不良，病程1个月左右。

四、病理变化

可见各个脏器广泛出血，淋巴结肿大出血。鼻、咽喉和气管黏膜出血。肾质脆、变软，包膜不易剥离。各个器官浆膜面附有纤维素性渗出物。胸腹腔及心包腔积液。

五、防治措施

（一）预防

（1）平时加强饲养管理，做好抓膘、保膘及防寒保暖工作。

（2）做好卫生消毒工作，不从疫区引进羊只。

（3）在发病季节前用羊链球菌氢氧化铝疫苗或羊链球菌甲醛疫苗免疫接种。

（4）发生本病后，做好隔离治疗、消毒焚尸等工作。

（二）治疗

（1）青霉素80万～160万单位/次，肌肉注射，2次/天，连用2～

3天。

(2)10%磺胺嘧啶,10毫升/次,肌肉注射,1～2次/天,连用3天。

第二节 羊传染性脓疱病

羊传染性脓疱又称传染性脓疱性皮炎或"羊口疮",是由传染性脓疱病毒引起的急性、接触性传染病,其特征为口、唇等处的皮肤和黏膜上形成丘疹、脓疱、溃疡,破溃后结成疣状厚痂。

一、病原特征

病原属于痘病毒科副痘病毒属,对环境抵抗力强,但对高温较为敏感。

二、流行病学

病羊和带毒羊是本病的主要传染源,主要经损伤的皮肤或黏膜感染。易感动物以3～6月龄的羔羊为多见,常为群发。本病秋季多发。

三、临床症状

潜伏期4～7天,临床主要有唇型、蹄型和外阴型,也偶见有混合型。

(一)唇型

最常见。首先在口角出现小红斑,很快变成丘疹和小结节,继而发展成水疱或脓疱,脓疱破溃后形成疣状的硬痂。整个嘴唇肿大外翻,严重影响采食,病羊日趋衰弱而死。

（二）蹄型

只发生于绵羊，多为一肢患病，常在蹄叉、蹄冠或系部皮肤形成水疱或脓疱，破裂后形成溃疡。

（三）外阴型

此型少见。

四、防治措施

（一）预防

（1）防止黏膜、皮肤发生损伤。

（2）不要从疫区引进羊只和购买畜产品。

（3）免疫接种，所使用的疫苗毒株型应与当地流行毒株相同。

（4）发病时，应对全部羊只进行检查，发现病羊立即隔离治疗，并用2%NaOH溶液、10%石灰乳或20%草木灰彻底消毒用具和羊舍。

（二）治疗

（1）唇型和外阴型可先用0.1%～0.2%高锰酸钾溶液冲洗创面，再涂以5%碘酊甘油（1∶1），2～3次/天。

（2）蹄型可将病蹄在5%～10%的福尔马林溶液中浸泡1分钟，连续3次；或每隔2～3天用3%龙胆紫、1%苦味酸或10%硫酸锌酒精溶液重复涂擦。

（3）对严重病例应给予支持疗法，必要时可用抗生素或磺胺类药物。

第三节 绵羊巴氏杆菌病

绵羊巴氏杆菌病是由多杀性巴氏杆菌所引起的一种传染病，主要表现为败血症和肺炎。

一、病原特征

巴氏杆菌为革兰氏阴性球杆菌。本菌抵抗能力较弱，对热及常用的消毒剂均敏感。

二、流行病学

病羊和带菌羊是本病的主要传染源。病羊或带菌羊由其排泄物、分泌物不断排出有毒力的病菌。易感动物主要是绵羊，多发生于幼龄羊。本病一般呈散发性或流行性，无明显的季节性。

三、临床症状

潜伏期平均为2～5天。临床上按病程长短分为最急性、急性和慢性型。

(一)最急性型

突然发病，并且无特殊症状而出现急性死亡，多见于哺乳羔羊。

(二)急性型

体温升高至41～42℃，精神沉郁，食欲减退。呼吸急促，咳嗽，鼻孔常有出血。初期便秘，后期腹泻，病羊多预后不良，病程2～5天。

(三)慢性型

病羊食欲废绝,消瘦,流黏性脓性鼻液,咳嗽,呼吸困难,病程可达3周。

四、病理变化

一般在皮下有胶样浸润和小出血点。胸腔内有黄色渗出物,肺有小出血点、淤血或肝变,常有纤维素性胸膜肺炎和心包炎。胃肠道有出血性炎症,肝有坏死灶。

五、防治措施

(一)预防

(1)平时应加强饲养管理和环境卫生。

(2)每年定期进行预防接种。

(二)治疗

(1)发病初期用高免血清治疗效果良好。

(2)青霉素、链霉素、土霉素类等抗生素和高免血清联合应用则效果较好。青霉素每次80万～160万单位,土霉素和链霉素每次0.5～1.0克,肌肉注射,2次/天。

(3)同群羊可用高免血清进行紧急接种,隔离观察一周后如无新病例出现,再注射疫苗。

第四节 前后盘吸虫病

又称瘤胃吸虫病,早期以腹泻为特征,而幼虫因在发育过程中移行于真胃、小肠、胆管和胆囊,可造成严重的危害,甚至导致死亡。

一、病原特征

临床上最常见的有鹿同盘吸虫和长菲策吸虫。

(一)鹿同盘吸虫

新鲜虫体呈粉红色,形似圆锥,腹面凹下,背面突出。

(二)长菲策吸虫

新鲜虫体呈深红色,圆柱形。

二、流行病学

中间宿主为椎实螺和扁卷螺。多雨年份的夏秋季节多发。

三、临床症状

表现精神沉郁,食欲下降,腹泻,粪便腥臭,呈粥样或水样。肩前及腹股沟淋巴结肿大,颌下水肿。严重者衰竭死亡。慢性病例一般无症状,主要表现为消化不良和营养障碍。

四、防治措施

(一)预防

(1)不把羊舍建在低湿地区,不在有片形吸虫的潮湿牧场上放牧,不让羊饮用池塘、沼泽、水潭及沟渠里的脏水和死水。

(2)进行定期驱虫,一般每年一次,可在秋末冬初进行。

(3)避免粪便散布虫卵。

(4)防止病羊的肝脏散布病原体。

(二)治疗

(1)氯硝柳胺(灭绦灵),75～80 毫克/千克体重。

(2)硫双二氯酚,80～100 毫克/千克体重,口服。

第五节　羊绦虫病

羊绦虫病是由绦虫寄生于羊的小肠内引起的疾病。

一、病原

(1)莫尼茨绦虫虫体呈乳白色、带状，长1～6米，宽16～26毫米。虫体分头节、颈节和体节。

(2)曲子宫绦虫虫体长可达1～2米，宽12毫米。每个节片有一组生殖器官。

(3)无卵黄腺绦虫虫体长2～3米，宽2～3毫米。节片短，分节不明显。

二、流行病学

中间宿主为地螨，主要感染羔羊，曲子宫绦虫对羔羊和成年羊均可感染，无卵黄腺绦虫则主要感染成年羊。本病有明显季节性。

三、临床症状

主要表现为消化紊乱、腹痛、肠膨气和下痢。动物逐渐消瘦、贫血、痉挛、精神沉郁、反应迟钝或消失，出现空口咀嚼、口吐白沫、转圈运动等神经症状。

四、防治措施

(一)预防

(1)在流行地区对羊群做好成虫期前的驱虫工作。

(2)避免在雨后、清晨或傍晚放牧。

(3)有条件的地区实行轮牧。

(4)保护幼畜,粪便发酵处理等综合性措施。

(二)治疗

(1)氯硝柳胺(灭绦灵),50～70 毫克/千克体重,一次口服。

(2)硫双二氯酚(别丁),75～100 毫克/千克体重,配成悬液灌服。

第六节　羊肺线虫病

羊肺线虫病是由线虫寄生于羊的气管、支气管以及肺部所引起的疾病。

一、病原特征

(一)大型肺线虫

虫体呈乳白色,较细。雄虫长 30～80 毫米,雌虫长 50～112 毫米。

(二)小型肺线虫

形态构造与大型肺线虫相似。虫体非常细小,肉眼勉强见到。

二、流行病学

大型肺线虫在羊咳嗽时虫卵随痰液转入消化道。由感染至发育为成虫需 3～4 周。小型肺线虫中间宿主为多种螺,在肺部发育为成虫。大型肺线虫,致病力强,在春季流行,可造成羊只的大批死亡。

三、临床症状

病羊干咳，尤其在清晨和夜间表现明显。常从鼻孔中排出黏液脓性分泌物，常打喷嚏，呼吸困难、消瘦、贫血，头胸及四肢发生水肿。羔羊发育迟缓，甚至死亡。

四、防治措施

（一）治疗

（1）丙硫苯咪唑，10～15毫克/千克体重，1次口服。

（2）左旋咪唑，7.5～12毫克/千克体重，1次口服。

（3）伊维菌素，0.2毫克/千克体重，皮下注射。

（二）预防

主要做好冬末春初的驱虫工作。

第九章　常见普通病防治技术

第一节　低镁血症

低镁血症是由镁元素代谢障碍引起的疾病。

一、发病原因

血镁降低是本病的病因，在迅速生长的春季草场或青绿禾谷类作物田间放牧可引发本病。

二、临床症状

通常是突然死亡。在早期阶段，表现蹒跚，兴奋，抽搐和磨牙。如果不及时治疗，会迅速倒地，口吐白沫，昏迷甚至死亡。

三、防治措施

（一）预防

(1)补饲含镁矿物质，特别在冬季和早春，在补饲的饲料中添加菱镁矿石粉，每天每只羊可按 8 克加入。

(2)氧化镁，每天每只羊按 7 克。

(3)草地喷洒菱镁矿石粉(可按每公顷草地喷洒 14 千克)。

(二)治疗

(1)发病早期用20%硫酸镁溶液40～60毫升,皮下分点注射。

(2)用25%葡萄糖酸钙和和等量容积的5%次磷酸镁混合液80毫升一次缓慢静脉注射。

第二节　难产

指母羊在分娩过程中由于产力、产道及胎儿异常致使胎儿不能顺利产出。

一、发病原因

首先是母羊产力异常和产道异常,如阵缩及努责微弱、阵缩及破水过早、阴道、子宫颈及盆腔狭窄等。此外,胎儿过大、畸形、发育异常、胎位不正等均为发生难产的原因。

二、临床症状

分娩期母羊有分娩前的预兆,如乳房肿大,产道肿大松软,子宫开始阵缩,子宫颈开张,母羊出现努责,但不见胎儿产出。

三、防治措施

(一)预防

(1)对怀孕的母羊要加强饲养管理,注意饲料的品质与数量。

(2)对母羊避免过早配种。

(3)对舍饲羊,在妊娠后期要适当增加运动量。

(4)助产时先矫正胎位,然后将胎儿拉出产道。多胎母羊应注意怀羔数目,保证所有胎儿产出。

(二)治疗

(1)催产素 10～50 国际单位、麦角新碱注射液 1～2 毫升可增强母羊阵缩力量,但是只有母羊子宫颈口完全张开时才能使用。

(2)遇到双羔难产时,将一只羔羊推离子宫颈口,矫正另一只羔羊的肢体,将其拉出产道,再矫正第二只胎儿肢体后将其拉出产道。

(3)当子宫颈扩张不全或闭锁,骨盆腔狭窄,胎儿过大,胎向和胎位异常和胎儿畸形等不能助产时,可进行剖腹产手术。

第三节 胎衣不下

胎衣不下又称胎膜滞留,指母羊分娩后不能及时将胎膜完全排出。正常排出胎膜时间,山羊大约在分娩后 2.5 小时,绵羊大约在分娩后 4 小时。

一、发病原因

(一)产后子宫收缩无力

日粮中缺乏钙盐及其他矿物质和维生素,母羊运动不足,胎水过多,胎儿过大,难产等均可导致产后子宫收缩无力。

(二)胎盘炎症

胎儿胎盘与母体胎盘因感染发生粘连,如布鲁氏杆菌、胎儿弧菌感染等。

(三)胎盘的组织构造

胎儿胎盘与母体胎盘结合过于紧密时易发生胎衣不下。

二、临床症状

可见滞留的胎衣悬垂于阴门外,但胎衣有时会全部存留于子宫或阴道内。部分胎衣不下,主要是残存在母体胎盘上的胎儿胎盘存留于子宫内。经1～2天有红褐色的恶臭黏液和灰白色胎衣碎片从子宫排出,母羊表现弓背努责、食欲减退或废绝,反刍停止,前胃弛缓,精神不振,喜卧地,体温升高,呼吸加快,腹泻及泌乳减少。

三、防治措施

(一)预防

饲料的配合应不使孕羊过肥为原则,每天保证适当运动。

(二)治疗

(1)在分娩后24小时以内的病羊,可用催产素皮下注射。

(2)子宫灌注抗生素,防止子宫感染和胎衣腐败而引起子宫炎及败血症。

(3)肌肉注射抗生素,青霉素40万国际单位,3次/天。

第四节　胃肠炎

胃肠炎是胃肠黏膜或其深层组织的出血性或坏死性炎症,常见于山羊。

一、发病原因

多因前胃疾病引起,但饲养管理不当,如采食了大量冰冻、发霉饲料或草料中混有刺激性药物均可致病,此外感染某些传染病也可继发本病。

二、临床症状

病羊初期多为消化不良症状,之后逐渐或迅速出现精神委顿,食欲废绝,反刍停止,口腔干燥、恶臭,舌苔厚黄。持续性腹泻,有血液、假膜和脓液。后期常见肛门括约肌松弛,排粪失禁。

三、防治措施

(一)预防

(1)合理饲养,给予清洁新鲜饲料。

(2)饲料搭配要适当,切勿突然更换。

(二)治疗

去除病因,保护胃肠黏膜,维护心机能,预防脱水及增强机体抵抗力。

(1)内服磺胺脒 4～8 克,小苏打 3～5 克。

(2)药用炭 7 克,土霉素 1～2 克,次硝酸铋 3 克,加水一次灌服。

(3)用青霉素 40 万～80 万国际单位,链霉素 50 万国际单位,肌肉注射,1 次/天,连用 5 天。

第十章　无公害肉羊的生产标准

随着人民生活水平的不断提高和自我保健意识增强，人们对畜产品的质量要求越来越高，不仅要求营养丰富，而且还要求卫生和安全。畜产品的卫生与安全关系到民生与社会稳定，已成为我国政府高度关注的一个政治问题。因此，肉羊生产者要转变观念，必须认识到畜产品实行市场准入制后，无公害羊肉是现代肉羊生产发展的必然趋势。发展和推进无公害肉羊生产既是提高羊肉产品质量安全和保护环境的必由之路，又是提高标准化规模养羊科技水平与经济效益的一个途径。

第一节　无公害肉羊生产的定义和意义

一、无公害肉羊生产的定义

无公害是指对环境和人的健康无损害。无公害畜产品是指产地环境、生产过程和产品质量符合国家有关标准和规范的要求，经有关部门认证合格获得认证证书并允许使用无公害产品标志的未加工或初加工的食用畜产品。严格地讲，无公害是对食用畜产品的基本要求。肉羊就是未加工的畜产品，其质量安全必须符合保障人的健康、安全的要求，就是人们通常所说的绿色、无公害肉羊。换句话讲，所谓无公害肉羊生产，它的生产过程通常要遵循可持续发展的原则，按照特定的肉羊生产方式饲养，是经专门机构认定，许可使用绿色食品标志或无公害食品标志商标的无污染肉羊产品的生产过程。特定的生产方式是指肉羊生产全过程中，从环境、饲草料、兽药及饲料添加剂使用等方面进行质量监控，并在肉羊出栏前进行产地检疫后，才准许出栏，并在屠宰后对羊肉进行检验，无疫病及无公害的羊肉才可上市。这样的羊肉才称得上是无污染、无公害的安全羊肉，即"放心肉"。

二、无公害肉羊生产的意义

（一）无公害肉羊生产是可持续肉羊产业发展的必然要求

羊肉因其肉味鲜美、细嫩可口、富含人体所必需的氨基酸和微量元素、低胆固醇、低热量而深受广大消费者的喜爱。现代营养学家们也认为，羊肉是一种生物学价值很高的食药两用型动物蛋白，与其他肉食品相比，它富含人体所需要的多种氨基酸、维生素和钙、磷、铜、锌等矿物质。李时珍在《本草纲目》中写道："羊肉有安中益气、补肾填精、温养脾胃"的作用。传统中医认为羊肉性温味甘，具有益气补虚、御寒保暖、温中暖肾、生肌增力等功效，对肺结核、气管炎、哮喘、贫血、心血管系统疾病、产后虚弱及其他虚寒症有较好的防治效果。在民间把羊肉和煮汤作为治疗肾虚劳损、腰膝酸软、耳聋、消渴、阳痿，常视作益精补血的滋补强化食品，具有补肝肾、强筋骨的作用。因此，羊肉独特的营养特性和保健价值，千百年来深受广大消费者的厚爱，成为世界上公认的大众化高档食品。随着人们对羊肉需求量的上升，羊肉的价格也逐年上涨，肉羊生产市场前景看好。伴随着现代工业的发展，人类在进行物质生产同时，也带来了生态破坏、生态环境的恶化，使人们对食品污染也有所担心，人们迫切地需要安全优质无污染的食品，无公害肉羊生产的提出正是满足了人们的这种需求。特别是我国2001开始实施“无公害食品行动计划”以来，无公害农产品认证工作得到快速发展，在一定程度上说，发展和推进无公害肉羊生产既是提高肉羊产品安全质量和保护环境的必由之路，又是提高人类生活质量和健康的一个措施，更是可持续肉羊产业发展的必然要求。

（二）无公害肉羊生产提高标准化规模养羊的科技水平

无公害羊肉产前是通过标准化生产和现代科学管理生产出来的，肉羊的无公害生产对产地的生态环境、羊的饲养管理技术水平要求很高，是一种由现代养羊科技作支撑的标准化、规模化的生产。无公害生产的全过程，体现出现代养羊生产的科技含量和高投入、高产出、优质高效及安全卫生的特点，这是传统的粗放式养羊生产不能达到的。采用肉羊无公害的饲养和生产模式，可以明显地提高羊肉产品的质量、商品档次和市场竞争力。适应羊肉产品国际市场的需要，树立正确的品牌定位，做到标准化生产，规格化上市，遵守国家有关法规和行业标准，这也是标准化规模养羊的最终目的。

（三）树立正确的无公害肉羊产品品牌定位

遵守国家有关法规及标准进行无公害肉羊生产，其目的是提高羊肉的产量和保证羊肉的品质。市场准入制的实行，无公害肉羊生产必须在产地环境、生产过程和产品质量上符合国家相关标准和规范要求，经行业主管部门认证合格，并通过产地检疫和屠宰检疫后才可允许上市销售。市场准入制度的建立，是保障畜产品安全的最后一道关卡，也是体现无公害肉羊价值的重要途径。通过实施市场准入制度，规范畜产品在市场上的流通销售，将“不合格”的畜产品挡在市场之外，既保证了消费者的利益，也为“安全优质”的无公害肉羊提供了更大的销售空间，特别是对无公害肉羊的品牌定位，能够起到事半功倍的效果。从消费需求上，消费者在购买畜产品时，首先讲的是安全，其次才是品质、价格。标准化规模肉羊生产抓住这个市场机遇，将无公害肉羊生产从源头入手，推行标准化生产，实行全程控制，着力打造安全优质（与普通畜产品相比）和物美价廉（与绿色、有机食品相比）的品牌形象。

第二节　无公害肉羊生产的标准和要求

一、无公害肉羊产品的生产管理条件要求与质量标准

（一）无公害肉羊产品的生产条件

①产地环境符合无公害农产品产地环境和标准要求。

②区域范围明确。

③具备一定的生产规模。

（二）无公害肉羊产品的生产管理

①生产过程符合无公害农产品生产技术的标准要求。

②有相应的专业技术和管理人员。

③有完善的质量控制措施，并有完整的生产管理和销售记录档案。

（三）无公害肉羊养殖场质量管理体系建设标准

《畜禽养殖场质量管理体系建设通则》（NY/T 1569—2007）规定畜禽养殖场质量管理机构、制度、人员、生产记录的建设规范，本标准适用于规模养羊场（户）。质量管理体系的建立应符合《中华人民共和国动物防疫法》《中华人民共和国畜牧法》和

《中华人民共和国农产品质量安全法》的要求，这是一个标准化规模养羊场（户）在肉羊生产中必须要做到的。

（四）无公害羊肉质量标准

1. 羊肉品质质量标准

为了规范羊肉市场及羊肉食用安全，我国从1987年后制定了相关的国家标准和行业标准。1987年12月28日国家商务部批准颁布了我国第一个羊肉标准GB 9961－88《鲜、冻胴体羊肉》。由于社会发展的要求，此标准修订后，被现行标准GB 9961－2001《鲜、冷胴体羊肉》替代。此标准对鲜、冷、冻胴体羊肉给了明确的定义，并从羊肉品种（绵羊肉、山羊肉）、规格（一级、二级、三级）、原料（活羊必须来自非疫区，并持有产地兽医检疫证明）、加工、卫生检验、感官（色泽、黏度、弹性、气味、煮沸后的肉汤）、理化指标（挥发性盐基氮、汞）等方面对羊肉品质进行系统评价。

为了适应国际市场的要求，自2001年农业部开始实施“无公害食品行动计划”，农业部在2002年批准颁布了农业行业标准NY 5147－2002《无公害食品——羊肉》、NY 5148－2002《无公害食品——肉羊饲养兽药使用准则》、NY 5149－2002《无公害食品——肉羊饲养兽医防疫准则》、NY 5150－2002《无公害食品——肉羊饲养饲料使用准则》、NY 5151－2002《无公害食品——肉羊饲养管理准则》。这几个标准与GB 9961－2001《鲜、冻胴体羊肉》标准相比，有几大特点：一是对肉羊、兽药、防疫、饲料及饲养管理的要求更加严格、具体；二是理化检验指标不仅要求挥发性盐基氮、汞不能超标，而且又增加了铅、砷、铬、镉等重金属元素和六六六、滴滴涕及有关兽药如金霉素、土霉素、四环素、磺胺类药物都不能超标；三是增加了微生物指标，要求菌落总数、大肠菌数在一定规定之下，而致病菌如沙门杆菌、志贺菌、金黄色葡萄球菌、溶血性链球菌都不应检出；四是对标志、包装、运输、贮存都有了明确的规定。此外，我国现行的羊肉质量要求标准还有 GB 13215－91《咸羊肉罐头》，以及羊肉质量商业行业标准 SB/T 10042－1992《绵羊原肠、半成品》、SB/T 10043－1992《山羊原肠、半成品》。另外，农业部于 1999 年发布的《动物性食品中兽药最高残留限量》，其中规定了 54 种兽药在羊肉中的最高残留限量。

2. 羊肉卫生质量标准

我国自 20 世纪 50 年代开始，对肉品卫生、检验等有一定要求，颁布了《肉品卫生检验试行规程》《肉与肉制品卫生管理办法》。1994 年国家颁布了 GB 2708－1994《牛肉、羊肉、兔肉卫生标准》，此标准把鲜、冻的牛、羊、兔肉从感官（色泽、组织状态、黏度、弹性、气味、煮沸后肉汤）到理化指标（挥发性盐基氮、汞）都做了明确的规定。

3. 羊肉检验方法标准

对羊肉品质的优劣可通过羊肉检验方法标准测知，检验方法标准有专项检验方法标准和通用检验方法标准。我国专项羊肉检验方法有 SN 0417－95《出口冻羊肉检验规程》，而通用的检验方法标准包括肉与肉制品、火腿、罐头等检验方法标准，其中有国家标准 50 余项，商品检验行业标准（包括进出口肉及肉制品）60 余项。

4. 羊肉质量分等分级标准

我国鲜冻羊肉胴体质量采取分等分级标准，主要从外观及肉质、胴体质量上进行分等分级，如表 10－1 所示。

5. 羊肉的品质和肉质标准指标

(1)羊肉的品质要求。羊肉的品质受品种、年龄、性别、营养水平、育肥时间和屠宰季节等因素的影响。对羊肉的品质要求,一般有以下几方面。

表 10－1 中国鲜冻羊肉胴体等级

		外观及肉质	胴体重量/千克	
鲜冻羊肉胴体	一级	肌肉发达,全身骨骼不突出(小尾部肩隆部之脊椎骨稍突出);皮下脂肪布满全身(山羊的皮下脂肪层较薄),臀部脂肪丰满	绵羊≥15	山羊≥12
	二级	肌肉发育良好,除肩隆部及颈部脊椎骨尖稍突出外,其他部位骨骼均不突出,皮下脂肪布满全身(山羊为腰背部),肩颈部脂肪层较厚	绵羊≥12	山羊≥10
	三级	肌肉发育一般,骨骼稍显突出,胴体表面带有薄层脂肪;肩部、颈部、荐部及臀部肌膜露出	绵羊≥7	山羊≥5

①肌肉丰满、柔嫩。肌肉丰满、柔嫩、多汁、肉有香味,则肉的品质好。肉的嫩度是指肌肉易切割的程度。如果肌纤维直径越粗,单位肌肉横断面积内肌纤维的数量越多,切断肌肉所需的剪切力就越高,这样的羊肉嫩度也就越小。因此,肉羊不论屠宰活重或日龄大小都是以肌纤维愈嫩为标准。但肉的嫩度受结缔组织的含量影响,肌肉中结缔组织越多,肉的嫩度下降。一般来说,老龄羊结缔组织交联增长多,故肉质粗糙,公羊肉比阉羊肉差,也是此原因。

②肉块紧凑、美观。羊肉肌肉丰满就显现出紧凑、美观,切割容易,烹调时可切成鲜嫩的肉片和肉卷。

③脂肪匀称、适中。上等品质肥羔的胴体上必须有一层最低限度的皮下脂肪覆盖。皮下脂肪和肌肉脂肪的比例要高，皮下脂肪均匀分布在胴体的整个表面，脂肪的含量必须中等。肌肉脂肪含量对肉的风味影响较大，对肉的嫩度也有一定影响。一般来说，具有正常品质的羊肉，其嫩度随肌肉内脂肪含量的增加而呈现出从最差到中等水平的明显改善，但是脂肪继续增加，嫩度就不再继续改善，有时还会下降。这是因为脂肪含量过多可能会降低结缔组织的物理强度，从而使羊肉的感观品质、风味以及嫩度均匀性下降。如老龄羊的脂肪过多，嫩度的变异较大，这也是肉羊育肥时间不宜过长而要把握适时出栏的一个原因。羊肉的脂肪应坚实白色，不是黄色。脂肪组织中不饱和脂肪酸含量宜低，脂肪酸能使脂肪变软，容易氧化酸败，不能长期保存。

④肉细、色鲜可口，肉呈大理石纹理状况。肌肉应细嫩，肉色以浅红至鲜红色为佳，肌肉和脂肪所含水分宜少，肌肉间的脂肪为大理石状，含量宜高，因大理石纹状能使肉嫩味美多汁可口。大理石纹理指肉眼可见的肌肉横切面红色中的白色脂肪纹状结构，白色纹理多而显著，表示其中蓄积较多的脂肪，肉汁性好。肉的大理石纹理结构影响肉的感官指标，大理石纹理结构越好，剪切力越低，嫩度越高，越富于多汁性。因此，大理石状纹理是对肉的嫩度和其他质量指标进行感官评定的重要参数。

(2)羊肉的肉质标准指标。肉质一般包含感官特征、技术指标、营养指标和卫生指标。通常用肉色、pH 值、滴水损失、剪切力和硫代巴比妥酸反应物数值等指标来量化肉的质量。

①肉色。对消费者来说，羊肉的外观、质地、风味是判断其质量的感官特性。羊肉肌肉显现的颜色是肌红蛋白、氧化肌红蛋白及正铁肌红蛋白转化的结果。

②pH 值。pH 值对肌肉的嫩度、滴水损失、肉色等有直接

影响。肌糖原含量影响肉的最终 pH 值，也影响肉的嫩度。肌糖原含量过高，肉终点 pH 值偏低，嫩度往往较差；肌糖原过少，则终点 pH 偏高，易导致色泽暗红，质地粗硬，切面干燥，这也是羊肉中最常见的次品肉。肌肉中的肌糖原含量主要与肉羊的气质类型及宰前状况有关。一般来说，肉羊屠宰后 pH 值降低与肌糖原酵解有关，肉羊在屠宰前会产生应激，应激条件会加速体内肌糖原的酵解，使肌肉 pH 值迅速降低，影响肉的品质，这也是提倡推行对肉羊要实行福利化屠宰的原因。

③滴水损失。滴水损失是肌肉保持水分性能的指标，肌肉系水力直接关系到肉品的质地、风味和组织状态。

④剪切力。剪切力是羊肉肌肉嫩度的指标，也是羊肉内部结构的反映，并且在一定程度上反映了肉中肌原纤维、结缔组织以及肌肉脂肪含量、分布和化学结构状态。

⑤硫代巴比妥酸反应物数值。羊肉中硫代巴比妥酸反应物数值与羊肉品质的酸败、异味等直接有关，是肉品脂质过氧化程度的间接量化指标。

二、无公害肉羊生产要遵循的准则

（一）规模化养羊场的生态环境标准

养羊场要从选址开始符合国家对无公害肉羊生产的环境卫生要求，严格执行 GB 18406－2001《无公害畜禽安全要求》、GB/T 18407－2001《无公害畜禽肉产地环境要求》、NY 5027－2001《畜禽饮用水水质》、NY 5028－2001《畜禽产品加工饮用水》、NY/T 388－1999《畜禽场环境标准》、GB/T 18596－2001《畜禽养殖业排污排放标准》等，为无公害肉羊生产提供良好的生态环境，使肉羊生产从建场到建场后的生产过程中始终符合国家规定的空气、水、土壤等生态环境各项质量要求，这是标准化规模养羊的先决条件。

(二)饲料和饲料添加剂及兽药的使用规定

为了加强对饲料、饲料添加剂的管理,提高饲料、饲料添加剂的质量,促进饲料工业和养殖业的发展,维护人民身体健康,我国在 1999 年 5 月 29 日颁布了《饲料和饲料添加剂管理条例》,对饲料生产、经营和使用者做出明确的规定。随后我国又颁布了《饲料药物添加剂使用规范》《禁止在饲料和动物饮用水中使用的药物品种目录》,对药物饲料添加剂的使用都有了明确的规定,这是无公害肉羊生产必须严格遵守的几个法规。此外,我国还对饲料生产、加工和质量要求上,也颁布了 GB 13078《饲料卫生标准》、GB 10648《饲料标签》这两个强制性标准以及 GB/T 16764《配合饲料企业卫生规范》。特别是在 2002 年,我国为了推动无公害肉羊生产,根据《饲料和饲料添加剂管理条例》《兽药管理条例》等法规,颁布了 NY 5148－2002《肉羊饲养兽药使用准则》、NY 5149－2002《肉羊饲养兽医防疫准则》、NY 5150－2002《肉羊饲养饲料使用准则》、NY 5151－2002《肉羊饲养管理准则》。这 4 个标准对无公害肉羊生产在兽药使用、兽医防疫、饲料使用、饲养管理方面都做出了明确的规定。严格执行这几个标准,一个规模化养羊场(户)才能达到标准化生产。

(三)兽医防疫规范规定

《中华人民共和国动物防疫法》在对无公害肉羊生产的疫病预防、消毒、监测、控制和扑灭上,都有一定的规定。GB 16548《畜禽病害肉尸及其产品的无害化处理规程》对羊场废弃物和病尸做无害化处理、防治疫病扩散等有明确规定。除此之外,NY 5150《肉羊兽药使用准则》规定了无公害肉羊生产中允许使用的疫苗、抗生素、中西药物等。无公害肉羊生产要力争做到不用

或少用药物，严格控制药物在肉羊产品中的残留，执行休药期。

第三节　提高无公害肉羊生产的技术

标准化规模养羊其目的总的来说，主要有两个方面：一个是怎样提高羊肉产量而达到一定的经济效益；另一个是根据市场准入制的要求，怎样生产出无公害羊肉，其肉的品质符合 NY 5147－2002《无公害食品——羊肉》标准。一个标准化规模养羊者如不树立这样的理念，在国家对畜产品质量安全要求越来越严的情况下，不按无公害食品标准组织肉羊生产，在市场准入制的限制下会被拒之市场门外，其规模养羊也无效益可谈。因此，必须采取综合配套技术，提高无公害羊肉的质量和品质。

一、选择适宜的杂交组合亲本品种和模式

（一）确定无公害肉羊生产的市场定位

根据人们对绵羊、山羊肉的营养特性，确定无公害肉羊生产的市场定位，绵羊和山羊存在属间差异，对营养物质的需要量、利用方式和利用率不同，其生长发育、产肉性能和肉用品质也有差别。

据报道，山羊肉的蛋白质含量为 18.3%、能值为 9.801 兆焦/千克，而绵羊肉分别为 14.4%和 15.575 兆焦/千克（张红平等，2005）；山羊肉中的精氨酸、亮氨酸和异亮氨酸含量均高于绵羊，其他氨基酸与绵羊肉接近（Srinivasan 和 Moorjani，1974）；山羊肉的重要特点是胆固醇在各类肉中最低，羔羊肉中仅 44.72 毫克/千克，成年山羊为 60 毫克/100 克，而绵羊为 70 毫克/100 克（刘相模，2005）；粗脂肪含量绵羊肉为 3.5%，而山羊肉为 2.8%，且主要沉积于皮下和内脏器官周围。

从食用品质上，山羊肉色泽深，膻味轻，系水力明显高于绵羊肉，烹调损失显著低于绵羊肉，剪切力值和结缔组织强度则略高，嫩度和总体可接受性与绵羊肉接近。但绵羊肉多汁性好，相对较致密柔软，横切面细密，但不呈大理石纹状（孟岳成，1992）。

从绵羊、山羊肉的营养特性上看，一般来说消费群体有一定差异，南方人多数喜吃山羊肉，北方人多数吃绵羊肉，这与传统的消费习惯有一定的关系；再加上南方适合养山羊，北方适合养绵羊。因此，从事标准化规模肉羊生产，必须了解绵羊、山羊存在属间差异，对营养物质的需要量、利用方式和利用率不同。要根据当地的气候环境、资源、市场需求选择养绵羊还是养山羊来进行肉羊生产。

（二）选择适宜的杂交亲本品种和模式

品种是影响肉羊肉用性能的内在遗传因素，也被认为是首要因素。适合生产无公害羊肉的肉羊品种应是成熟早、繁殖率高、生长快、肉质好。品种不但影响羊肉的产量，也影响羊肉的品质，总体来说，肉用绵羊生产性能好于肉用山羊，培育肉羊品种生产性能高于地方品种。采取适宜的杂交组合模式，充分利用品种杂交，利用杂种优势生产羊肉，以此来提高羊肉产量和品质现已被普遍采用。杂种羊在我国大量推广，其肉产量已占总量的相当比例，而且表现出较好的生产性能和肉质品质。

二、饲养环境的改善与调控

无公害肉羊生产要根据肉羊品种生活习性，改善饲养环境，实行保护性饲养，尽量满足肉羊的福利。南方地区要采取楼式羊舍建筑，北方地区在寒冷季节应用塑料暖棚。生产实践已证明，在现代肉羊生产中，饲养环境的改善和调控，已成为持续发展肉羊生产性能和提高产品质量的一大技术支柱，世界各国普遍重视。因此,无公害肉羊生产应在养羊场选址、布局、圈舍结构、通风、保温、防暑以及粪尿污水处理等方面,做到以羊为本,创造适宜肉羊生长的饲养环境,并对肉羊的生长发育给以最大福利化饲养技术,才能保证肉羊的产肉量和羊肉的品质。

三、实行饲草料的科学营养调控技术

饲草料的种类、品质以及饲草料中所含的营养成分,是影响肉羊产肉性能和羊肉品质的关键性因素。很多研究试验表明,高蛋白日粮的平均结果可增加和提高肉羊活重、饲料转化率、胴体重、瘦肉率和粗蛋白率、屠宰率及眼肌面积。国内学者王景元(1992)研究发现,高能高蛋白组与低蛋白组相比,前者日增重和屠宰率明显高于后者。路永强等(2003)通过 4 个蛋白水平育肥小尾寒羊哺乳羔羊得出,低蛋白水平上,日增重随蛋白含量增加而增加,当达到一定时(23.0%)则呈下降趋势,结果表明粗蛋白为 20.5%时肥育效果最好。但美国 NRC (1985)和国外大多数报道最佳蛋白质水平应为 18%。也有学者试验后表明,蛋白质水平为 18%与 16%无显著差异。从此数据也表明,适宜的蛋白质水平对肉羊的育肥也比较重要,过分追求高能高蛋白在一定程度上讲并不经济。

日粮中除了能量和蛋白质影响羊肉产量和肉质外,还有很多方面影响羊肉产量和肉质。饲料类型也影响肉羊的产肉性能和肉用品质,许多研究试验表明,与成年羊相比,羔羊具有利用整粒谷物(玉米等)的生物学特性,整粒饲喂比粉碎后更利于提高饲料转化率和日增重。全混合育肥日粮(TMR)因能满足肉羊营养需要,防止挑食,调节代谢,比精、粗分开饲喂更利于提高肉羊的适口性、采食量、饲料利用率和育肥速度,成为目前肉羊配合饲料中的发展趋势。此外,在肉羊饲草料中添加允许使用的饲料添加剂，也可改善肉羊的产肉性能。如在肉羊日粮中添加维生素 A、维生素 D、维生素 E、维生素 C 等，可显著提高肉羊品质。也有学者提出，根据肉羊对各种矿物质元素的实际需要量和摄取情况，适当添加镁、硒、铁、铬等元素，可提高羊肉品质。还有学者在饲料中添加具有芳香味的中草药添加剂，如把甘草、白术、苍术、茴香、草豆蔻、麦芽、地榆、藿香、厚朴、丁香、艾叶等中药配合使用，可提高肉质。据试验表明，在肉羊饲料中添加0.2%～0.3%杜仲粉，可促进其肌纤维的发育，提高肌肉中胶原蛋白的含量，使肉质更加细嫩且蛋白质含量有所增加。因此，生产实践中应尽可能根据实际情况，合理利用当地饲料资源，合理使用科学的营养调控技术，以增加羊肉产量和提高羊肉品质。但要注意的是肉羊屠宰前 10～20 天禁止饲喂有异味的饲料，如尿素等，以免影响羊肉风味。

四、采取适宜的育肥饲养模式

我国肉羊生产主要有放牧、舍饲、半放牧半舍饲育肥饲养三种模式，从而在肉羊生产中也形成了形式多样的经营管理方式。从羊肉质地考虑，放牧饲养最科学合理，但草场压力大，羊肉产量低，无法满足需要。舍饲成本相对较高，但舍饲配给饲草料营养全面，可进行人为调控，改变羊的择食性，控制其运动量，降低无益消耗，增加营养素的利用率，从而提高生产效益。对于放牧条件差者，育肥效果为舍饲＞半舍饲＞放牧。国内科技工作者杨光等(2002)试验得出，舍饲山羊总增重和平均日增重显著高于半舍饲组($p<0.01$)，屠宰率和净肉重显著高于半舍饲组和放牧组。但也要承认，舍饲饲养肉羊生产成本相对较高，羊只体质和羊肉质量有所下降。蔡青和等(2001)进行不同育肥方式比较试验得出，补饲可以极显著地提高肉羊的宰前活重和胴体重，

并可显著改善屠宰率、净肉率和眼肌面积等指标。生产实践中已证实，在能放牧地区，对羔羊实行放牧加补饲，在入冬前采取舍饲短期育肥技术，做到当年羔羊当年出栏，是较为理想的肉羊生产育肥饲养模式。

五、对肉羊掌握适宜的出栏体重

生产实践证实，根据肉羊的生长规律曲线，在达到生理生长高峰后，再进行饲养就增加饲养成本，而且随着年龄的增长，肉质变粗糙，系水力下降，总体品质下降。一般大型肉用羊体重达40千克、小型肉用羊体重达30千克时可以考虑出栏屠宰。

第十一章　养殖档案及管理

第一节　畜禽饲养档案有关规定

建立畜禽养殖档案是畜牧行业法律法规的强制性规定

(一)建立畜禽养殖档案和实行备案制度的法律依据

(1)《中华人民共和国畜牧法》第四十一条规定:"畜禽养殖场应当建立养殖档案,载明以下内容:(一)畜禽的品种、数量、繁殖记录、标识情况、来源和进出场日期;(二)饲料、饲料添加剂、兽药等投入品的来源、名称、使用对象、时间和用量;(三)检疫、免疫、消毒情况;(四)畜禽发病、死亡和无害化处理情况;(五)国务院畜牧兽医行政主管部门规定的其他内容。"

在第三十九条中规定:规模养殖场养殖小区实行备案制度。养殖场、养殖小区兴办者应当将养殖场、养殖小区的名称、养殖地址、畜禽品种和养殖规模,向养殖场、养殖小区所在地县级人民政府畜牧兽医行政主管部门备案,取得畜禽标识代码。

(2)依据农业部《畜禽标识和养殖档案管理办法》第二十二条规定:养殖档案和防疫档案保存时间:商品猪、禽为2年,牛为20年,羊为10年,种畜禽档案需要长期保存。

(3)《畜禽标识和养殖档案管理办法》第四条规定,由农业部负责全国畜禽标识和养殖档案的监督管理工作;县级以上地方人民政府畜牧兽医行政主管部门负责本行政区域内畜禽标识和养殖档案的监督管理工作。各省畜牧行政主管部门也出台了关于推进养殖档案规范管理的实施意见，就省、市、县各级畜牧兽医行政主管部门的有关责任、养殖档案格式、代码编排以及采集备案、督导检查、培训指导等方面进行了详细规定。

(4)未建立养殖档案和未按照规定(规范性、完整性、时效性)保存养殖档案的规模养殖场将受到行政处罚。《畜牧法》第七章法律责任中第六十六条规定:违反本法第四十一条规定，畜禽养殖场未建立养殖档案的，或者未按照规定(规范性、完整性、时效性)保存养殖档案的，由县级以上人民政府畜牧兽医行政主管部门责令限期改正，可以处1万元以下罚款。

建立养殖档案作用，不仅是养殖场遵纪守法、履行法定义务、参与建立可追溯体系的需要，同时也是养殖场自身改进饲养管理水平、进行经济效益分析的基础材料，还可能成为养殖场维权、索赔的重要依据。

(二)畜禽养殖小区备案规模标准

存栏100头以上养猪场及存栏200头以上的生猪养殖小区;存栏50头以上的肉牛场、奶牛场和存栏150头以上奶牛养殖小区、存栏200头以上的肉牛养殖小区;存栏200只以上的羊场和存栏300只以上的养羊小区;存栏2 000只以上蛋鸡场、3 000只以上肉鸡养殖场和存栏蛋鸡5 000只以上或存栏肉鸡10 000只以上的养殖小区;存栏300只以上的兔场、特种动物养殖场;存栏50只以上的养鹿场等。

(三)畜禽养殖档案的组成

(1)生产记录。包括存栏，出生、调入、调出和死淘的数量。按不同生产阶段、不同圈舍进行填写，记录和反映整个生长周期情况。

(2)畜禽养殖场按生产阶段分类制定的免疫程序。

(3)饲料、饲料添加剂和药物添加剂使用记录、兽药使用记录。

(4)消毒记录、免疫记录、诊疗记录、防疫检测记录。

(5)兽药、饲料及饲料添加剂采购入库记录表。

(6)病死畜禽、废弃物无害化处理记录。

(7)如果是种畜场,还应当依据《种畜禽管理条例》规定,建立种畜禽个体档案(系谱档案、繁殖记录、生产性能测定记录等)。

(8)产品销售记录表等。

第二节 畜禽饲养档案填写要求

一、生产记录要求

包括存栏,出生、调入、调出和死淘的数量。

应按不同生产阶段、不同圈舍进行填写,如实记录和反映整个生长周期情况。

二、免疫记录要求

畜禽养殖场应按不同生产阶段分类制定免疫程序。免疫程序的制定原则:一是落实强制免疫,保证免疫密度。对猪口蹄疫、猪瘟、高致病性猪蓝耳病;奶牛、肉牛、肉羊的口蹄疫、布病:及高致病性禽流感;鸡新城疫等,要严格按照国家规定的强制免疫疫病,自觉落实强制免疫制度,一针不落进行免疫接种和补种,确保免疫密度达到100%,对免疫监测不合格的动物须重新免疫。二是在国家法律法规有关规定的基础上结合本地区疫病流行情况，本着自主选择的原则，合理制定切实可行的免疫程序。三是合理确定免疫间隔，以保持有效的免疫抗体水平。

疫苗的购入和贮藏。应建立疫苗购入台账，从有资格的生产或经营单位购进疫苗；疫苗需符合国家质量标准，不得使用未经农业部批准的疫苗。采用科学的方法冷藏运输和贮存。

免疫接种时应遵照说明书规定的免疫方法和剂量，免疫接种时应严格消毒、实行一畜一针；使用弱毒菌苗免疫时，在免疫前后 7 日内不应使用疫苗菌株敏感的抗菌药物。批量免疫前，先进行小范围免疫，观察有何反应，一切正常后方可进行大批量免疫接种。

记录要求：免疫记录须在实施免疫接种后及时填写，特别是保证强制性重大疫病免疫记录填写的准确、可靠、完整，填写生产厂、生产批号、购入单位、免疫日期、方法、剂量、免疫人员签字、防疫监督责任人签字的相关内容，便于追溯。免疫记录要按生产阶段分类填写，普免和补免、集中免疫和随时免疫，做到与《生产记录》《防疫监测记录》相符。

三、其他相关记录

(1)消毒记录、免疫记录、诊疗记录、防疫监测记录。

(2)兽药、饲料及饲料添加剂采购入库记录表。

(3)病死畜禽、废弃物无害化处理记录。

(4)如果是种畜场，还应当依据《种畜禽管理条例》规定，建立种畜禽个体档案(系谱档案、猪繁殖记录、生产性能测定记录等)。

(5)产品销售记录等。

第十二章 防控制度和畜禽疾病防治常识

第一节 动物防疫技术概述

一、动物防疫

动物防疫是指动物疫病的预防、控制、扑灭和动物、动物产品的检疫。主要措施包括:通过畜禽免疫、防治、监测、检疫等综合性防治措施,消灭传染源、切断传染途径、增强畜禽抵抗力、保护易感畜禽;同时也包括一旦疫情发生时,果断采取封锁、隔离、扑杀、销毁、消毒和紧急免疫接种等强制性综合防治措施,尽可能将疫病控制在最小范围内,降低畜禽疫病的发病率和死亡率,并严格防止畜禽疫病和人畜共患病的发生与传播。最终达到迅速扑灭疫病、保护畜禽群体健康、保障人民的身体健康的目的。

畜禽养殖场防疫要始终贯彻“预防为主”的基本方针,坚持自繁自养,落实预防接种、免疫监测、环境卫生、消毒、除虫、封锁隔离、饲养管理等综合性防疫措施,以提高畜禽的健康水平和抗病能力。

畜禽养殖场防疫包括平时的预防措施和发生疫病时的扑灭措施。

平时的预防措施包括以下几个方面:一是要坚持自繁自养的原则,防止疫病的传入;二是科学的饲养管理,增强畜禽自身的抗病能力;三是制定合理的免疫程序,并切实予以执行;四是制定完善的卫生消毒制度,消灭有害微生物;五是搞好环境卫生,杀虫、灭鼠,切断可能传染的途径;六是做好畜禽粪便等废弃物无害化处理;七是合理使用药物,严格执行休药期;八是配合主管部门做好畜禽检疫和疫病监测,及时发现和消灭传染源,按照监测计划进行疫病监测、疫情分析、疫病报告、疫情预报,有计划地进行疫病的控制、扑灭和净化工作。

一旦发生疫病或怀疑发生疫病时,养殖场须初步判定为何种疫病,属于一般疫病、重大疫病、烈性传染病的哪一类,依据《中华人民共和国动物防疫法》等相关法律法规,及时采取相应的措施。任何单位和个人,均不得瞒报、谎报或者阻碍他人报告动物疫情。按规定,动物疫情须由县级以上人民政府兽医主管部门认定;其中重大动物疫情由省、自治区、直辖市人民政府兽医主管部门认定,必要时报国务院兽医主管部门认定。

当确诊为一般动物疫病时,应在当地动物疫病预防控制机构的监督指导下,采取隔离、治疗、免疫预防、消毒、无害化处理等综合防治措施,及时控制和扑灭疫情。

当确诊为重大动物疫病时,须由县级以上地方人民政府根据需要,启动相应级别的应急预案、组织有关部门采取强制性的防控措施,养殖场应积极配合当地动物疫病预防控制机构及有关部门,按照国家有关规定实施隔离、封锁、扑杀、消毒、无害化处理和紧急免疫等措施,迅速控制、扑灭疫情。这里所说的重大动物疫情,是指高致病性禽流感等发病率或者死亡率高的动物疫病突然发生,迅速传播,给养殖业生产安全造成严重威胁、危害,以及可能对公众身体健康与生命安全造成危害的情形,包括特别重大动物疫情。

当发现疑似烈性传染病时,应当积极配合动物疫病预防控制机构和动物卫生监督机构，严格按照国家《重大动物疫情应急条例》《突发重大动物疫情应急预案》等有关规定进行确诊和处置，严防疫情扩散。

当发生人畜共患传染病时，还应当服从当地卫生部门、动物防疫部门实行的防治措施，配合做好对有关密切接触者进行的医学观察等相关工作。

二、畜禽养殖场防疫计划的编制

当前，随着畜牧业生产逐渐向集约化和规模工厂化发展，畜禽疫病防治工作愈加重要。在大型畜禽养殖场中，畜禽密集，如果疫病预防措施不严引起疫情蔓延，必然导致重大损失。甚至某些本来不很严重的疾病，也会造成畜禽生长停滞、饲养期延长、饲料消耗增多、养殖成本增大。

（一）畜禽养殖场防疫计划编制前的准备

第一，需要了解所属区域的整体情况，熟悉本地区的地理、地形、植被、动物品种、数量、气候条件及气象学资料，了解本地区畜禽传染病以往流行情况，分析本地区有哪些有利于或不利于某些传染病发生和传播的自然因素及社会经济因素，充分考虑避免或利用这些因素的可能性。第二，要充分认识到环境卫生因素与畜群疫病的关系，制定切实可行的卫生防疫制度，杜绝传染源、切断传播途径。第三，要考虑到自有兽医人员的力量及技术水平、器械设备等，还要充分依托当地基层动物防检队伍力量。第四，在各种防疫工作的时间安排上，必须充分考虑到季节性的生产活动，务使措施的实施和生产实际密切配合，避免互相冲突。

（二）中大型畜禽养殖场的防疫计划编制

畜禽养殖场防疫计划的主要内容包括：重大动物传染病与

寄生虫病的预防、某些慢性传染病与寄生虫病的检疫及控制等。

编写计划时可以分成：基本情况、预防接种、免疫监测、畜禽检疫、疫情监测、兽医监督和兽医卫生管理措施，以及生物制品、兽药、兽医器械的贮备、耗损、补充计划，经费预算等部分。

三、免疫接种

（一）免疫接种的概念、分类与意义

1. 免疫接种的概念

免疫接种是给动物接种某些免疫制剂（菌苗、疫苗、类毒素及免疫血清），使动物个体和群体产生对传染病的特异性免疫力。

2. 免疫接种的意义

免疫接种能够使易感动物转化为非易感动物，从而防止疫病的发生与流行。由于免疫接种可以使动物产生针对相应病原体的特异性抵抗力，是一种特异性强、非常有效的防疫措施。又由于免疫接种与药物预防、消毒等措施相比，具有省人省力、节省经费等特点，是一种经济实用的防疫措施。因此，免疫接种是预防和治疗传染病的主要手段，也是使易感动物群转化为非易感动物群的唯一手段。在传染病的防治措施中，免疫接种具有关键性的作用。有计划有组织地进行免疫接种，是预防和控制畜禽疫病的重要措施之一。任何部门和单位，在兽医防疫工作中都必须重视免疫接种工作。

3. 免疫接种的分类

根据免疫接种的时机不同，可分为预防接种和紧急接种两类。

（1）预防接种。为了预防某些传染病的发生和流行，在经常

发生某些传染病的地区，或有某些传染病潜在的地区，或受到邻近地区传染病威胁的地区，为了防患于未然，有计划有组织地按免疫程序给健康畜禽进行预防接种。预防接种通常使用疫苗、菌苗、类毒素等生物制剂作为抗原激发免疫。用于人工自动免疫的生物制剂统称为疫苗，包括用细菌、支原体、螺旋体等制成的菌苗，用病毒制成的疫苗和用细菌外毒素制成的类毒素。

根据所使用的免疫制剂的品种不同，接种方法不一样，有皮下注射、肌肉注射、皮肤刺种、口服、点眼、滴鼻、喷雾吸入等不同的免疫方法。接种后经一定时间（数天至 3 周），可获得半年至一年以上的免疫力。随着集约化畜牧业的发展，饲养畜禽数量显著增加，一部分疫病的预防接种，逐步由逐头预防转变为简便的饮水免疫和气雾免疫，如鸡新城疫疫苗（Lasota 系等）的饮水免疫和气雾免疫，获得了良好的免疫效果，而且节省了人力。

做好预防接种工作应注意以下几个问题。

①预防接种应有周密的计划。预防接种应每年都要根据实际情况拟定当年的预防接种计划，首先对本地区近几年来曾发生过的动物传染病流行情况进行调查了解，然后有针对性地拟定年度预防接种计划，确定免疫制剂的种类和接种时间，按所制定的各种动物免疫程序进行免疫接种，争取做到 100％免疫。使预防接种工作有的放矢、有章可循，真正落到实处。

有时也进行计划外的预防接种。例如输入或运出畜禽时，为了避免在运输途中或到达目的地后暴发某些传染病而进行的预防接种。一般可采用抗原主动免疫（接种疫苗、菌苗、类毒素等），若时间紧迫，也可用免疫血清进行抗体被动免疫，后者可立即产生免疫力，但维持时间仅半个月左右。

如果在某一地区过去从未发生过某种传染病，又没有从别处传进来的可能性时，也就没有必要进行该传染病的预防接种。

②实施计划免疫、制定合理的免疫程序。目前，由于动物的品种、数量、疫病的种类不同，预防接种具有一定的复杂性和艰巨性。必须根据我国的法律法规，结合当地的实际情况，进行科学的规划和认真的实施。对畜禽进行首次免疫（简称基础免疫）及随后适时的加强免疫，即重复免疫（简称复免）。以确保畜禽从出生到屠宰或淘汰全部获得可靠的免疫，使预防接种科学化、计划性和全年性，叫做计划免疫。反之，如果不搞计划免疫，必然出现漏免、错免和不必要的重复接种，影响到疫苗的预防效果。

计划免疫必须制定免疫程序，即对不同种类的畜禽，根据其常发的各种传染病的性质、流行病学、母源抗体水平、有关疫苗首次接种的要求以及免疫期长短等，制订该种畜禽从出生经青年到屠宰全过程，各种疫苗的首免日龄或月龄、复免的次数和接种时期等接种程序。免疫程序应根据本地区的实际疫情，结合疫苗的性能进行制订。

③接种前应做好准备工作。预防接种前，应对被接种的畜禽进行详细检查和调查了解，特别注意其健康与否、年龄大小，是否正在怀孕或泌乳，以及饲养条件的良好与否等。成年的、体质健壮或饲养管理条件较好的畜禽，接种后会产生较强的免疫力。反之，年幼的、体质弱的、有慢性病或饲养管理条件不好的畜禽，接种后产生的免疫力就差些，也可能引起较明显的接种反应。怀孕母畜，特别是临产前的母畜，在接种时由于驱赶、捕捉等影响或者由于疫苗所引起的反应，有时会导致流产或早产，或者可能影响胎儿发育；泌乳期的母畜或产蛋期的家禽预防接种后，有时会暂时减少产奶量或产蛋量，最好暂时不接种，对那些饲养条件不好的家禽，在进行预防接种的同时，应注意同步改善饲养管理条件。

接种前，应注意了解当地有无疫病流行，如发现疫情，应首先安排对该病的紧急防疫。如无特殊疫病流行，则按原计划进行定期预防接种。要提前准备疫苗、器材、消毒药品和其他必要的用具。接种时防疫人员要爱护畜禽，做到消毒认真，剂量、部位准确。接种后，应加强饲养管理，使机体产生较好的免疫力，减少接种后的反应。

④要注意预防接种后的反应。给畜禽预防接种后，要注意观察被接种动物的局部或全身反应（接种反应）。局部反应是接种局部出现一般的炎症变化（红、肿、热、痛）；全身反应则呈现体温升高，精神不振，食欲减少，泌乳量降低，产蛋量减少等。这些反应一般属于正常现象，只要适当地休息和加强饲养管理，几天后就可以恢复。但如果反应严重，则应进行适当的对症治疗。通常可能出现以下几种类型的反应。

正常反应：是指因疫苗本身的特性而引起的反应，其性质与反应强度因疫苗制品不同而异，一般表现为短时间精神不好或食欲稍减等。这是由于这些制品本身就有一定的毒性（尽管是较弱的），所以，接种后可引起畜禽一定程度的局部或全身反应。对此类反应一般可不做任何处理，会很快自行消退。

严重反应：这和正常反应在性质上没有区别，主要表现在反应程度较严重或反应动物头（只）数超过正常反应的比例。引起严重反应的原因可能是某批疫苗质量较差，或免疫方法不当等，对此类反应要密切监视，必要时进行适当处理。

合并症：指与正常反应性质不同的反应。主要指活疫苗接种后，因机体防御机能不全或遭到破坏时发生的全身感染和诱发潜伏感染。例如同时接种的疫苗种类过多，容易造成应激或其他不良反应，影响正常免疫效果和生长发育。

（2）紧急接种。指在发生传染病时，为了迅速控制和扑灭疫病的流行，对疫区和受威胁区尚未发病的动物进行的应急性免疫接种。紧急接种从理论上讲应使用免疫血清，2 周后再接种疫（菌）苗，即所谓共同接种较为安全有效。但因免疫血清量大、价格高、免疫期短，且在大批动物急需接种时常常供不应求，因此，在防疫中很少应用，有时只用于种畜场、良种场等。实践证明，在疫区和受威胁区有计划地使用某些疫（菌）苗进行紧急接种是可行而有效的。如在发生猪瘟、鸡新城疫和口蹄疫等急性传染病时，用相应疫苗进行紧急接种，可收到很好的效果。

在疫区用疫（菌）苗进行紧急接种时，必须对所有受到传染病威胁的畜禽，逐头逐只地进行详细的临床检查，逐头测温，只能对正常无病的畜禽进行紧急接种，对病畜禽及可能已受感染的潜伏期的病畜，不能接种疫（菌）苗，应立即隔离或扑杀。但应注意，在临床检查无症状的畜禽中可能混有一部分潜伏期患畜禽，这部分患畜禽在接种疫苗后不仅得不到保护，反而会促进其更快发病。因此，在紧急接种后一段时间内，畜禽发病反而有增加的可能。但由于这些急性传染病潜伏期较短，而疫苗接种后又能很快产生抵抗力，发病数不久即可下降，疫情会得到控制，多数畜禽得到保护，疫病流行很快停息。

在受威胁区进行紧急接种时，其划定的范围应根据疫病流行特点而定。如流行猛烈的口蹄疫等，在周围 5 000～10 000 米进行紧急接种，建立“免疫带”或“免疫屏障”，以包围疫区，防止扩散。紧急接种是综合防治措施的一个重要环节，必须与封锁、检疫、隔离、消毒等环节密切配合，才能取得较好的效果。

（二）免疫接种的方法

1. 经口免疫法

分饮水和喂饲两种方法。经口免疫应按畜禽头（只）数计算饮水量和采食量，停饮或停喂半天，然后按实际头（只）的150%～200%的水量或料量加入疫苗，以保证饮、喂疫苗时，每个畜禽个体都能饮用一定量的水或吃入一定量的料，得到充分免疫。此法目前广泛应用于集约化猪场和鸡场。该法省时、省力，适宜大群免疫，但每头（只）畜禽饮（吃）入的疫苗量，不能像其他免疫方法一样准确。另外，应注意疫苗要用冷水稀释，最好不要用城市自来水，如果必须用，则应储存一天再用，以减少氯离子对疫苗的影响。

2. 注射免疫法

注射免疫法常用的有皮下接种、皮内接种、肌肉接种、静脉接种等方法。

(1)皮下接种法。马、牛、羊在颈侧部位，猪在耳根后方，家禽在胸部、大腿内侧。皮下接种的优点是操作简单，吸收较皮内快，缺点是使用疫苗剂量多。大部分常用的疫苗和高免血清均可采用皮下注射。

(2)皮内接种法。马在颈侧、眼睑部；牛、羊除颈侧外，可在尾根或肩中央部位进行；猪在耳根后；鸡在肉髯部。用做皮内接种的疫苗，仅有羊痘弱毒疫苗、猪瘟结晶紫疫苗等少数制品，其他均属诊断液，如结核菌素、鼻疽菌素等。皮内接种的优点是使用药液少，同样的疫苗较皮下注射反应小，同量药液较皮下接种产生的免疫力高；缺点是操作麻烦，技术要求高。

(3)肌肉接种法。马、牛、猪、羊一律在臀部和颈部两部位，鸡可在胸肌和大腿内侧。肌肉接种的优点是药液吸收快，注射方法简便；缺点是在一个部位不能大量注射。臀部如注射位置不当，可能引起跛行。

(4)静脉接种法。马、牛、羊在颈静脉，猪、兔在耳静脉，鸡在翼下静脉，小白鼠在尾静脉。兽医生物药品中的免疫血清除了皮下和肌肉注射，均可静脉注射，特别是在紧急治疗传染病时。但是疫苗、诊断液一般不做静脉注射。静脉接种的优点是可使用大剂量、奏效快，可及时抢救患畜禽；缺点是要求一定的设备和技术条件。此外，如为异种动物血清，可能引起过敏反应(血清病)。

3. 滴鼻、点眼免疫法

本法是使疫苗从呼吸道进入体内，将配制好的疫苗滴入鼻内或点入眼中的一种免疫方法，适宜雏鸡接种活毒疫苗时应用。本法的优点是产生的免疫力整齐、均匀，且节省疫苗；缺点是需要逐只接种，比较费时费力。

4. 气雾免疫法

此法是用压缩空气通过气雾发生器，将稀释的疫苗喷射出去，使疫苗形成直径1～10微米的雾化粒子，均匀地浮游在空气之中，通过呼吸道吸入肺内，以达到免疫接种的目的。此法省时、省力，适宜大群动物的免疫，但要加大疫苗用量2～3倍。同时应注意，有时会诱发畜禽呼吸道疾病。

(三)疫苗的种类、保存、运送和使用

1. 疫苗的种类

疫苗分为活疫苗和灭活疫苗两类。凡将特定细菌、病毒等微生物毒力致弱制成的疫苗称活疫苗；用物理或化学方法将其灭活后制成的疫苗称灭活疫苗。一般而言，接种活疫苗约经过7天，接种灭活疫苗约经过14天，动物才能产生主动免疫而具有免疫力。动物在预防接种后，能抵抗相应病原体而不受感染的期限称免疫期。

为节时省力，提高防疫效率，国内外已研制成功多种多价联合疫(菌)苗，如：猪瘟、猪丹毒、猪肺疫三联冻干苗，羊梭菌五联菌苗(羊快疫、猝疽、肠毒血症、黑疫和羔羊痢疾)，鸡新城疫、传染性支气管炎联合疫苗，鸡新城疫、鸡痘联合疫苗等。

2. 疫苗的保存

各种疫苗应保存在低温、避光及干燥的场所。灭活疫苗（包括油乳苗）、免疫血清、类毒素等应保存在2～10℃条件下，防止冻结。弱毒冻干疫苗，如鸡新城疫弱毒疫苗、猪瘟兔化弱毒疫苗等，应保存在－15℃以下，冻结保存。

3. 疫苗的运送

各种疫苗要求包装完善，防止碰坏瓶子和瓶盖松动，导致活的弱毒病原体散播污染。运输途中要避免高温和日光直接照射，尽快送至保存地点或预防接种地点。冻干疫苗需低温冷藏运输，近距离运输最简单的方式也应放在装有冰块的广口保温瓶等容器运送，以免疫苗降低或丧失活性。

4. 疫苗的使用

要使疫苗接种后达到预期的目的，必须正确使用疫苗。使用疫苗应做到：

(1)疫苗用前检查。疫苗在使用前必须进行详细检查，存在下列情况之一则不能使用：一是没有瓶签或瓶签模糊不清或没有经过合格检查；二是过期失效；三是疫苗质量与说明书不符者，如色泽变化、发生沉淀、疫苗内有异物、发霉、有臭味；四是瓶塞不紧或玻璃破裂。经过检查，确实不能使用的疫苗应立即废弃，煮沸或予以深埋；如效价不清或保存时间较长，应重新测定效价后使用；使用后的玻璃瓶等包装不得乱丢，应按照无害化处理规程消毒或深埋。

(2)疫苗的稀释与稀释液配制。疫苗稀释时必须在无菌条件下操作，所用注射器、针头、瓶子等必须严格消毒。稀释液应用灭菌的蒸馏水（或无离子水）、生理盐水或专用的稀释液，疫苗与稀释液的量必须准确。活菌疫苗稀释时稀释液中不得含有抗生素。

(3)疫苗使用的注意事项。

①参加免疫接种的工作人员应分工明确，并紧密配合，事先指定牵入动物的路线，注射过的动物立即牵出场外，以免重复或遗漏。

②工作人员需穿工作服及胶鞋，必要时戴口罩，工作前后均应洗手消毒，工作中必须保持手的清洁，禁止吸烟和吃食物。

③注射器、针头须经严格消毒后方可使用，注射时每头动物须更换一个针头。

④疫苗的瓶塞上应固定一个消毒过的针头，上盖酒精棉球。吸液时必须充分振荡疫苗，使其均匀混合。

⑤针筒排出溢出的药液，应吸积于酒精棉球上，并将其收集于专用瓶内，用过的酒精、碘酊棉球应放入专用瓶内，集中处理。

⑥活疫苗应随用随取，并限时用完。

⑦免疫接种时还应注意做好登记工作。

(四)影响免疫效果的因素

预防接种关系着免疫效果，而影响免疫效果的因素很多，不但与疫(菌)苗的种类、性质、接种途径、运输保存有关，而且也与动物的年龄、体况、饲养管理条件等因素有密切关系。比如：疫苗种类的影响。活疫(菌)苗接种剂量小、免疫力产生快、持续时间长，可产生分泌性抗体，易受母源抗体等体内原有抗体的影响，疫苗的保存时间短；灭活疫(菌)苗接种剂量大、免疫力产生慢、持续时间短，不产生分泌性抗体，不受体内原有抗体的影响，疫苗的保存时间较长。还有，动物年龄及体况的影响。给成年、体质健壮或饲养管理较好的动物接种，可产生较坚强的免疫力；而给幼年、体质弱、有慢性病或饲养管理卫生条件差的动物接种，产生的免疫力就差些，有时还可引起较严重的接种反应。疫（菌）苗由于生产、运输、保存不当，尤其活疫（菌）苗，可使其中的微生物大部分死亡，影响免疫效果。当同时给动物接种两种以上疫（菌）苗，或多价联合疫（菌）苗时，有时其中几种抗原成分产生的免疫反应，可能被另一种抗原性强的成分产生的免疫反应所掩盖，也可影响预防接种的效果。近期用过大量抗生素或磺胺类药物的动物，体内残存的药物可将接种的活菌苗的细菌杀死，也能影响免疫效果。总之，免疫反应是一个复杂的生物学过程，免疫效果受到多种因素的影响，了解影响免疫效果的因素，对于做好免疫工作，提高免疫效果具有重要的意义。

因此，通常情况下应注意避免的主要影响因素有以下几种。

（1）环境因素。当环境中存在大量的病原微生物时，使用再好的疫苗往往也难以达到最佳的免疫效果。例如，雏鸡 1 日龄接种鸡马立克氏病疫苗后，约经 2 周才能获得良好的免疫力，如果在 2 周内鸡舍消毒不严，环境中存在的鸡马立克病毒就可侵入到雏鸡体内，从而造成免疫力下降，甚至发生鸡马立克氏病。另外，环境卫生不良可造成动物机体抵抗力下降，也可影响免疫效果。

（2）母源抗体水平。新生动物可以从母体、初乳或卵黄（指禽类）中获得一定量的母源抗体，这些母源抗体对于防止疫病早期感染具有重要的意义。但是，如果当母源抗体水平较高时进行免疫接种，进入体内的疫苗抗原就可被高水平的母源抗体中和，从而使免疫效果下降，甚至使免疫失败。如在生产实际中，由母源抗体造成鸡新城疫、猪瘟等病免疫失败的现象经常发生。因此，在免疫接种时，一定要注意母源抗体对免疫效果的影响，通过抗体监测手段获得畜禽群中总体母源抗体的水平，当母源抗体水平下降到接近临界值时再进行免疫接种，可获得良好的免疫效果。

(3)疫抑制性疾病。有一些疾病可以造成机体免疫系统的损伤，从而抑制免疫反应的产生。近年的研究已经证实，早期患有传染性法氏囊病的鸡群，由于法氏囊受到病毒的破坏，使鸡体内的B淋巴细胞减少，从而影响多种疫苗的免疫效果。鸡传染性贫血是一种新的免疫抑制病，感染此病的鸡群用多种疫苗免疫，均达不到预期的免疫效果。

(4)营养因素。畜禽发生严重的营养不良，特别是蛋白质缺乏，会影响免疫球蛋白的产生而影响免疫效果。近年来营养免疫学的研究表明，多种营养物质，如维生素A、维生素E、硒、锌等，都与机体的免疫功能有关。缺乏这些营养物质，可造成机体免疫功能下降，从而影响免疫效果。

(5)免疫方法失误。免疫方法失误是常见的影响免疫效果的因素。主要包括疫苗保存不当、疫苗稀释不当、免疫途径错误、免疫剂量不足等。只要按规定操作，就可克服由于免疫方法失误对免疫效果造成的影响。

(6)应激因素。密度过大、湿度过高、通风不良、严重的噪声、突然惊吓、突然换料等，均可对畜禽群造成不同程度的应激，从而使其在一段时间内抵抗力降低，而影响免疫效果。因此，免疫接种时应尽量避免产生应激因素。

(五)免疫效果的评价方法

免疫接种后须通过一定方法对免疫效果进行评价，以验证防疫效果。一般可采用以下几种方法。

(1)抗体监测。大部分疫苗接种动物后，可使动物产生特异性的抗体，通过抗体来发挥免疫保护作用。因此，通过监测动物接种疫苗后是否产生了抗体以及抗体水平的高低，可评价免疫接种的效果。

(2)细胞免疫检测。有些疫苗接种动物后,主要通过激发动物机体的细胞免疫功能来发挥预防疾病的作用。因此,这类疫苗接种动物后是否产生了免疫效果,可以通过细胞免疫检测的一些指标来衡量。

(3)攻毒保护试验。如无法进行免疫监测,可选用攻毒保护试验来评价免疫接种的效果。一般是从免疫动物中抽取一定数量的动物,用对应于疫苗的强毒性的病原微生物进行人工感染,若试验动物能很好地抵御强毒攻击,说明免疫效果良好。

(4)流行病学评价。可通过流行病学调查,用发病率、病死率、成活率、生长发育与生产性能等指标,与免疫接种前的或同期未免疫接种畜禽的相应指标进行对比,初步评价免疫接种效果。

(六)规模养殖场强制免疫程序示例

1. 规模猪场强制免疫程序

(1)口蹄疫免疫。用"O"型猪口蹄疫灭活疫苗,耳根后部肌肉注射,仔猪28~35日龄进行初免,免疫剂量0.5毫升/每头(体重在10千克以下);间隔1个月后再进行一次加强免疫,1毫升/每头(体重在10~25千克);每隔6个月免疫一次,2毫升/每头(体重在25千克以上)。

(2)猪瘟免疫。肌肉或皮下注射,25~30日龄时进行初免,生理盐水稀释成1头份/毫升,注射1毫升/每头;60~70日龄加强免疫一次,1毫升/每头;以后每4~6个月免疫一次,1毫升/每头。

(3)高致病性猪蓝耳病免疫。用猪繁殖与呼吸综合征灭活疫苗,耳后部肌肉注射,仔猪21日龄进行初免,免疫剂量1毫

升/每头;间隔28日龄再进行一次加强免疫;母猪在配种前接种4毫升/每头;种公猪每隔6个月接种一次,4毫升/每头。

2. 规模牛场强制免疫程序

(1)口蹄疫免疫。用口蹄疫“O”型—亚Ⅰ型二价灭活疫苗,颈部或臀部肌肉注射,犊牛90日龄时进行初免,免疫剂量1毫升/头;1个月后再进行一次加强免疫,免疫剂量2毫升/头;以后每隔4个月免疫一次,免疫剂量2毫升/头。

(2)布病免疫。犊牛5月龄时,开始口服布鲁氏菌病活疫苗(S_2株)进行免疫,剂量5头份/头,以后每间隔18个月再进行一次免疫,剂量5头份/头。

3. 规模羊场强制免疫程序

(1)口蹄疫免疫。用口蹄疫O型—亚Ⅰ型二价灭活疫苗,颈部或臀部肌肉注射,羔羊28～35日龄时进行初免,免疫剂量1毫升/头;1个月后再进行一次加强免疫,以后每隔6个月免疫一次,免疫剂量1毫升/头。

(2)布病免疫。羊只不论年龄大小,用布鲁氏菌病活疫苗(S_2株)进行口服免疫,1头份/只,间隔1个月,再口服1次;以后每间隔18个月再进行一次免疫,剂量1头份/只。

4. 规模蛋鸡场强制免疫程序

(1)高致病性禽流感。7～14日龄,使用H5N1进行初免,胸部肌肉或颈部皮下注射0.3毫升/只;间隔3～4周及开产前分别加强免疫一次,0.5毫升/只;以后每间隔4～6个月免疫一次。

(2)鸡新城疫免疫。1日龄时,用新城疫弱毒活疫苗初免;7～14日龄,用新城疫弱毒活疫苗或灭活疫苗进行免疫;12周,用新城疫弱毒活疫苗或新城疫灭活苗强化免疫;17～18周,再用新城疫灭活苗免疫一次;开产后,根据免疫抗体检测情况进行疫苗免疫。

四、消毒

(一)消毒的概念与分类

1. 消毒的概念

消毒是指应用物理的、化学的或生物学的方法，杀死物体表面或内部病原微生物的方法或措施。

消毒和灭菌是两个经常应用且易混淆的概念，灭菌的要求是杀死物体表面或内部所有的微生物，而消毒则要求杀死病原微生物，并不要求杀死全部微生物。消毒的目的是消灭被传染源散布于外界环境中的病原体，以切断传播途径，防止疫病蔓延。

疫病发生要有3个基本环节：传染源、传播途径、易感动物，消毒的主要目的就是杀灭传染源的病原体、切断疫病传播途径。在畜禽养殖中，有时没有疫病发生，但外界环境存在传染源，传染源会释放病原体，病原体就会通过空气、饲料、饮水等途径入侵易感畜禽，引起疫病发生。如果没有及时消毒、净化环境，环境中的病原体就会越积越多，达到一定程度时，就会引起疫病大发生。彻底规范的消毒是切断疫病传播途径、杀灭病原体的重要防范措施，也是最有效方法。消毒不同于治疗性药物的立竿见影，可能无法直接见到效果；有时候可能是因为消毒剂质量问题或消毒方法不当等情况，消毒也不能遏制畜禽生病和疫病蔓延。因此有些养殖场由于认识不到位、或为了节省费用，不重视消毒，致使疾病预防中很重要的第一道关卡没有发挥应有的作用。

2. 消毒的分类

根据消毒的目的不同，可以将消毒分为3类，即预防性消

毒、随时消毒和终末消毒。

(1)预防性消毒。是指一个地区或畜禽饲养场,平时经常性地进行以预防一般疫病发生为目的的消毒工作,包括平时饲养管理中对畜禽舍、场地、用具和饮水进行的定期消毒。

(2)随时消毒。随时消毒又叫紧急消毒或临时消毒。是指在发生畜禽疫病时,为了及时消灭刚从病畜禽体内排出的病原体而采取的消毒措施。消毒的对象包括病畜禽分泌物、排泄物污染和可能污染的一切场所、用具和物品。通常,病畜禽场所隔离期内应每天和随时进行消毒;在解除封锁前进行定期的多次消毒。

(3)终末消毒。在病畜禽解除隔离、痊愈或死亡后,或者在疫区解除封锁之前。为了消灭疫区内可能残留的病原体所进行的全面彻底的大消毒。

(二)常用消毒药的选择、配制和使用

1. 常用消毒药品的选择

理想的消毒药品应具备以下几个条件。

(1)杀菌性能好,作用迅速,对人畜无毒害作用,对金属、木材、塑料制品等无损坏作用。

(2)性质稳定、无易燃性和易爆性,不会因自然界存在有机物、蛋白质、渗出液等而影响杀菌效果。

(3)价格低廉、容易买到。应根据实际情况择优选用。

2. 常用消毒药品的配制

一般情况下,消毒药品的配制,都是将消毒药品加入到一定量的水中,制成水溶液后使用。配制消毒药品时应注意以下几个问题:

(1)药量、水量和药水比例应准确。配制消毒剂溶液时,要

求药量、水量、药与水的比例都要准确。固态消毒剂要用比较精密的天平称量,液状消毒剂要用刻度精细的量筒或吸管量取。称好或量好后,先将消毒剂原粉或原液溶解在少量的水中,使其充分溶解后再与足量的水混合均匀。

(2)配制消毒药品的容器必须干净。配制消毒剂的容器必须刷洗干净,如果条件允许(配制量少、容器小),需用煮沸法(100℃,经 15 分钟)或高压蒸气灭菌法(120℃,经 15 分钟)对容器消毒,防止消毒剂溶液被污染。在养殖场中大面积使用消毒剂溶液,配制消毒剂溶液的容器很大,无法加热消毒,为了最大限度地减少污染,使用的容器必须洗刷干净。更换旧的消毒剂溶液时,一定要把旧的消毒剂溶液全部弃掉,把容器彻底洗净(能加热消毒的要加热消毒),随后配制新消毒剂溶液。

(3)注意检查消毒药品的有效浓度。在配制消毒剂溶液前,要注意检查消毒剂的有效浓度。消毒剂保存时间过久,浓度会降低,严重的可能失效,配制时对这些问题应加以考虑。另外,目前市售的有些厂家生产的消毒剂有效浓度不够,配制时也要加以注意。否则,消毒剂浓度不足达不到预期的消毒目的。

(4)配制好的消毒药品不能久放。配制好的消毒剂溶液保存时间过长,浓度会降低或完全失效。因此,消毒剂最好现配现用,当次用不完时,应在尽可能短的时间内用完。

3. 兽医防疫中常用的消毒剂及其使用方法

(1)氢氧化钠(烧碱、苛性钠)。为白色或黄色的块状或粉末,常用浓度为 1%～4%,对细菌、病毒和芽孢都有强大的杀灭力。一般用 1%～2%的热溶液对圈舍、地面、用具等消毒。本品有腐蚀性,消毒后应用清水冲洗。

(2)碳酸钠(纯碱)。常用 4%的热溶液洗刷或浸泡衣物、用具、消毒车船和场地。

(3)10%～20%的新鲜石灰乳。1份生石灰(氧化钙)加1份水即制成熟石灰(氢氧化钙),然后用水配成10%～20%的混悬液,用于墙壁、圈栏、地面等的消毒。因熟石灰久置后吸收空气中二氧化碳变成碳酸钙而失去消毒作用,故应现配现用。生石灰粉也可用于阴湿地面、粪池周围等处消毒。

(4)草木灰水。草木灰是农作物秸秆或杂草经过完全燃烧后的灰。常用30%的浓度、配制时取3千克新鲜草木灰加水10千克煮沸1小时,取上清液趁热用于圈舍和地面的消毒,对病毒、细菌均有效。

(5)漂白粉。是一种应用较广的消毒剂,主要成分次氯酸钙,遇水后产生极不稳定的次氯酸,再离解产生氧原子和氯原子,通过氧化和氯化作用而产生杀菌作用。漂白粉的消毒作用与有效氯含量有关,其有效氯一般在25%～36%。漂白粉很不稳定,有效成分易散失,即使保存于密闭干燥容器中,每月仍可损失1%～3%的有效氯。漂白粉有效氯含量在16%以下的不适宜作消毒用。漂白粉常用浓度为5%～20%,其5%的溶液可杀死一般病原菌,10%～20%的溶液可杀灭芽孢。一般用于畜禽圈舍、地面、水沟、粪便、水井、运输车辆等消毒。

(6)次氯酸钠。其杀菌作用与漂白粉基本相同,次氯酸钠在水中产生次氯酸,继而分解产生氧原子和氯原子,氧原子可迅速使细菌蛋白氧化变性,氯可直接作用于菌体蛋白使细菌变性失去活力。其具有渗透能力强、广谱高效的特点,可广泛应用于人畜医疗卫生防疫,如饮用水消毒、疫源地消毒、污水处理、畜禽养殖场消毒。根据不同消毒对象及物件,确定需配制消毒液中的有效氯含量。如环境消毒常用有效氯含量0.05%的溶液(相当于500毫克/千克),芽孢体、病毒及污染器材消毒500～1000毫克/千克,一般用具消毒常用0.025%的溶液(相当于250毫克/千克),

消毒池、地面消毒200～300毫克/千克，载畜消毒、载禽消毒200～1000毫克/千克，手部消毒50～100毫克/千克。

制作方法。市售的次氯酸钠原液一般为10%，市售“84”消毒液含次氯酸钠5.5%～6.5%，有条件的也可自行制备。一是液碱氯化法：30%以下氢氧化钠溶液，在35℃以下通入氯气进行反应，待反应溶液中次氯酸钠含量达到一定浓度时，制得次氯酸钠成品。二是次氯酸钠消毒液发生器电解食盐法，用次氯酸钠消毒液发生器，以食盐、水为原料，通电20分钟即可制成。浓度一般为0.5%或1%。

次氯酸钠溶液不稳定、不宜久存，存在密封的玻璃罐内放在阴暗凉爽处，可贮存1年左右，使用时应现配现用；次氯酸钠消毒液能腐蚀金属和纤维织物，并有漂白作用；而且受水pH值的影响，高pH值影响其消毒效果。

(7)新洁尔灭、洗必泰、消毒净、度米芬(消毒宁)。均属季胺盐类阳离子表面活性消毒剖。新洁尔灭具有较强的去污和消毒作用，性质稳定，无刺激性、无腐蚀性，对多数革兰氏阳性菌和阴性菌均有杀灭作用，但对病毒、霉菌效果较差。上述四种消毒剂0.1%的水溶液，用于浸泡消毒各种器械(如金属器械需加0.5%的亚硝酸钠以防锈)、玻璃、搪瓷、橡胶制品及衣物等，除新洁尔灭液需浸泡30分钟外，其他3种浸泡10分钟即可达到消毒目的。使用该类消毒剂时，应注意避免与肥皂或碱类接触，以免降低消毒效力。

(8)过氧乙酸(过醋酸)。纯品为无色透明液体，易溶于水。市售成品有40%和10%两种规格。40%的水溶液性状不稳定，加热(70℃以上)能引起爆炸，须密闭避光贮存于3～4℃环境中，有效期半年。10%的溶液则无此危险，但易分解，应现配现用。本品为强氧化剂，消毒效果好，能杀死细菌、真菌、芽孢和病

毒,可用于金属制品和橡胶制品以外的各种物品消毒。常用0.5%的溶液消毒畜舍、地面、墙壁、饲槽等,用5%的溶液按2.5毫升/平方米,喷雾消毒实验室、无菌室等。

(9)氯胺(氯亚明)。为结晶粉末,易溶于水,含有效氯11%以上,性质稳定,在密闭条件下可以长期保存,消毒作用缓慢而持久。饮水消毒按4克/立方米的用量,圈舍及污染器具消毒时则用0.5%～5%的水溶液。

(10)二氯异氰尿酸钠(优氯净)。为白色粉末,有味,杀菌力强,较稳定,含有效氯62%～64%,是一种有机氯消毒剂。用于空气(喷雾)、排泄物、分泌物的消毒,常用其3%的水溶液,若消毒饮水,则按4克/立方米的用量使用。

(11)农福(复方煤焦油酸溶液)。深褐色液体,主要成分为烷基苯磺酸(30%),是一种新型、高效、广谱消毒剂。可杀灭细菌、病毒、霉菌等。用于畜禽圈舍及器具消毒,常用浓度为1%～1.5%。

(12)菌毒敌(复合酚、农乐)。深红褐色液体,主要成分为复合酚(41%～49%)、醋酸(22%～26%),易溶于水,是一种新型、高效、广谱消毒剂。可杀灭细菌、病毒、霉菌,对多种寄生虫也有杀灭作用。常用0.35%～1%的水溶液对畜禽圈舍、笼具、场地、排泄物等消毒。施药一次,药效可维持7天。

(13)福尔马林。为含甲醛37%～40%的水溶液,有很强的消毒作用。1%的水溶液可做畜体体表消毒;2%～4%的水溶液用于喷洒墙壁、地面等;圈舍、孵化器、种蛋等的熏蒸消毒时,常与高锰酸钾以2∶1(福尔马林∶高锰酸钾)的比例使用。福尔马林用量视具体要求而定,一般为14～42毫升/立方米。福尔马林对皮肤、黏膜有刺激作用,使用时应注意人畜安全。

(14)酒精、碘酊等。1%～2%的碘酊常用作皮肤消毒,碘甘油则经常用于黏膜的消毒。医用酒精(75%乙醇)常用于皮肤、工具、设备、容器的消毒,也用作碘酊消毒后的脱碘。

(三)消毒方法与选择消毒方法的原则

兽医防疫工作中常用的消毒方法,包括物理消毒法、化学消毒法和生物热消毒法。每种方法都有其本身的优缺点。在实践中可根据实际情况和用途进行选择。

1. 物理消毒法

(1)清扫、洗刷圈舍及通风换气。清扫、洗刷圈舍地面,将粪尿、垫草、饲料残渣等及时清除干净,洗刷畜体被毛,除去体表污物及附在污物上的病原体。这种机械性清除的方法,虽然不能杀灭病原体,但可以有效地减少畜禽圈舍及体表的病原微生物,若再配合其他消毒方法,可获得较好的消毒效果。如果不先进行清扫、洗刷,圈内因积有粪便、污垢等有机物,需杀灭的病原体数量太多,而且这些污物还将直接影响常用消毒剂的消毒效果。据试验,采用清扫方法可以使畜禽舍内的细菌减少21.5%,如果清扫后再用清水冲洗,则畜禽舍内细菌数即可减少60%左右。

同样,通风换气虽不能直接杀灭病原体,但通过交换圈舍内空气,可减少病原体的数量。

(2)阳光、紫外线和干燥。太阳光谱中的紫外线(其波长范围为210～328纳米)具有较强的杀菌消毒作用。一般病毒和非芽孢病原菌,在强烈阳光下反复曝晒,其致病力可减弱甚至丧失。而且阳光照射的灼热以及水分蒸发所致的干燥,亦具有杀菌作用。所以,曝晒对牧场、草地、畜禽栏、用具和物品等的消毒是一种简单、经济、易行的消毒方法。但日光中的紫外线在通过大气层时,经散射和被吸收后损失很多,到达地面的紫外线是波长在300纳米以上,其杀菌消毒作用相对较弱。所以,要在阳光下照射较长时间才能达到消毒作用。阳光的强弱直接关系其消毒效果,而阳光的强弱又与多种因素(如季节、时间、纬度、云层等)有关,故利用阳光消毒,应根据实际情况灵活掌握,并配合其他消毒方法进行。

实际工作中,如养殖场生产区、出入口、更衣消毒间、实验室或超净工作台等处,常用紫外线灯来对空气和物体表面进行消毒。紫外线灯波长一般在250～260纳米(此波段杀菌力最强)。在使用紫外线灯时应注意:

①在室内安装紫外线灯消毒时,灯管以不超过地面2米为宜,灯管周围1.5～2米处为消毒有效范围。被消毒物表面与灯管相距以不超过1米为宜。

②紫外线灯的功效,一般按每0.5～1平方米房舍面积需1瓦设计,无菌室不得低于每平方米4瓦。

③紫外线穿透力弱,只能对直接照射的物体表面有较好的消毒效果,对被遮盖的阴影部分及畜禽的排泄物等无杀菌作用。普通玻璃能吸收几乎全部紫外线,故紫外线对有玻璃隔离的物品无消毒作用。紫外线灯管表面的灰尘也有影响,应经常除尘,以减少对消毒作用的影响。

④每次照射消毒物品的时间应在2小时以上。环境相对湿度不宜超过40%～60%,并应尽量减少空气中的灰尘和水雾。

⑤紫外线灯照射消毒时,人员应离开现场,否则可因紫外线直射而致急性眼结膜炎、皮炎等。

另外,电子臭氧灭菌灯,可将空气中氧分子转变为臭氧(O_3),单原子氧有很强的氧化性,能杀灭空气中微生物,氧化空气中有毒有害物质,现已用于鸡舍、孵化室等室内空气消毒和净化环境。

(3)高温。

①火焰焚烧。这是简单而又有效的消毒方法。结合平时清洁卫生工作,对清扫的垃圾、污秽的垫草等进行焚烧,对病畜禽或可疑病畜禽的粪便、残余饲料以及被污染的价值不大的物品,均可采用焚烧的方法来杀灭其中的病原体。对不易燃烧的圈舍、地面、栏笼、墙壁、金属制品等可用喷焰消毒,但应注意安全。

②煮沸消毒。此法简单、方便、经济、实用而且效果确实,是经常应用的消毒方法。大部分非芽孢病原菌、真菌、立克次体、螺旋体、病毒等在100℃的沸水中迅速死亡;大多数芽孢经煮沸15～30分钟被杀灭。此法适宜金属制品和耐煮物品的消毒。在铁锅、铝锅或煮沸消毒器中放入被消毒物品,加水淹没,加盖煮沸一定时间即可。在水中加入1%～2%的苏打或0.5%的肥皂,可防止金属器械生锈和增强消毒作用。

③流通蒸汽消毒。即利用常压蒸汽来达到消毒的目的。其可能达到的最高温度,就是当地水的沸点温度。此法可以用来对多数物品如各种金属、木质、玻璃制品和衣物等进行消毒,其效果与煮沸消毒相似。在农村,可用铁锅或铝锅加蒸屉或蒸笼进行。一般加热至水沸腾,维持30分钟,可达到消毒目的,但不能杀灭细菌芽孢。

④高压蒸汽消毒。高压蒸汽灭菌器在兽医实验室和诊断室应用比较多。其制作原理是按压力与沸点成正比而设计的,即压力越大沸点越高,蒸汽温度愈高。使用时,温度应控制在121℃、维持20～30分钟,即可达到杀灭所有病原体和芽孢的效果。

⑤干热消毒。通常在干热灭菌器(烘箱)内进行,适宜在高温下不损坏、不变质、不蒸发的物品消毒,常用于实验室玻璃器皿、金属器械等的消毒、烘干。一般温度应控制在160℃并维持

2 小时，或 170℃维持 1 小时。

2. 化学消毒法

在兽医防疫工作中，化学消毒法应用最为广泛。常用的有以下几种：

(1)喷洒法。将配制好的消毒剂喷洒于被消毒的物体表面的消毒方法，常用于畜禽舍地面、墙壁等的消毒。也可用于大家畜体表的消毒。

(2)喷雾法。将稀释好的消毒剂装入气雾发生器内，通过压缩空气雾化后形成雾化粒子，以雾化粒子达到消毒目的的消毒方法。常用于畜禽舍内空气、畜禽体表的消毒，也可用于带畜禽消毒。

(3)浸泡法。将稀释好的消毒剂放入消毒池或消毒盆(缸)中，将被消毒的物体浸泡于消毒剂中一定时间，以达到消毒目的的消毒方法。常用于饲养管理工具、治疗与手术器械等物品的消毒。

(4)熏蒸法。于密闭的畜禽舍内，使消毒剂产生大量的气体，通过气体的熏蒸达到消毒目的的消毒方法。常用于畜禽空舍及舍内物品的消毒，但切不可用于带畜禽消毒。

3. 生物热消毒法

利用微生物发酵产热以达到消毒目的的消毒方法。常用于粪便、垫料等的消毒。

(四)日常消毒制度

1. 人员的消毒

养殖场一般谢绝参观，进入养殖场的人员，必须在场门口更换靴鞋，并在消毒池内消毒。进入生产区域畜禽舍的人员，更要严格消毒。在生产区入口设置消毒室，有条件的养殖场可在消毒室内洗澡、更换衣物，穿戴清洁消毒好的工作服、帽和靴经消毒池后进入生产区。消毒室经常保持干净、整洁。工作服、靴、帽和更衣室应定期洗刷消毒，每立方米空间用40毫升福尔马林熏蒸消毒20分钟。工作人员在接触畜禽、饲料、种蛋等之前，必须洗手，并用1∶1 000的新洁尔灭溶液浸泡消毒3～5分钟。

2. 畜禽舍的消毒

畜禽舍的消毒分两个步骤进行，第一步先进行机械清扫，第二步是化学消毒液消毒。机械清扫是做好畜禽舍环境卫生最基本的方法。清扫、冲洗后再用药物喷雾消毒可有效提高消毒效果。

用化学消毒液消毒时，消毒液的用量一般为每平方米畜禽舍用1升药液。消毒时，先喷洒地面，然后再喷洒墙壁，先由离门远处开始，喷完墙壁后再喷天花板，最后再开门窗通风，用清水刷洗饲槽，将消毒药味除去。在进行畜禽舍消毒时，也应将附近场院以及病畜禽污染的地方和物品同时进行消毒。

(1)畜禽舍的预防消毒。在一般情况下，每年至少进行2次(春秋各1次)预防消毒。在进行畜禽舍预防消毒的同时，凡是畜禽停留过的处所都需进行消毒。在采取“全进全出”管理方法的养殖场，应在每次全出后严格消毒一次。产房在产仔结束后再彻底消毒1次。用福尔马林和高锰酸钾熏蒸消毒应按照畜禽舍面积计算用药量。一般每立方米空间用福尔马林30毫升、高锰酸钾15克、水15毫升。畜禽舍的室温不应低于18℃、湿度60%～80%，将畜禽舍门窗紧闭，使用耐热的广口容器，将水与福尔马林混合，然后将高锰酸钾倒入，用木棒搅拌，几秒钟即见有浅蓝色刺激眼鼻的气体蒸发出来，此时操作人员应迅速离开畜禽舍，将门关闭。经过24小时后方可将门窗打开通风。

在集约化饲养场，为了预防传染病，平时可用消毒剂进行

“载畜(禽)消毒”。如用0.3%的过氧乙酸对鸡舍进行气雾消毒,对鸡舍地面、墙壁、鸡羽毛表面上常在菌和肠道菌有较强的杀灭作用。用0.3%的过氧乙酸按30毫升/立方米剂量喷雾消毒,对鸡群和产蛋鸡均无不良影响。“带畜禽消毒”法在疫病流行时,可作为综合防治措施之一,及时消毒对扑灭疫病能起到一定作用。为了减少对工作人员的刺激,在消毒时应戴口罩。

(2)畜禽舍的临时消毒和终末消毒。发生各种传染病而进行临时消毒及终末消毒时,消毒剂应随疫病的种类不同而异。一般肠道菌、病毒性疾病,可选用上述所介绍的几种消毒剂,如5%的漂白粉、1%～2%的氢氧化钠热溶液;但如发生细菌芽孢引起的传染病(如炭疽,气肿疽等)时,则需使用10%～20%的漂白粉乳、1%～2%的氢氧化钠热溶液或其他强力消毒剂。在消毒畜禽的同时,在病畜禽舍、隔离舍的出入口处应放置蘸有消毒液的麻袋片、草垫,或修筑消毒池,并定期更新药液。

3. 畜禽体的消毒

畜禽体消毒常用喷雾消毒法,即将消毒药液用压缩空气雾化后,喷到畜禽体表上,达到消毒目的,以杀死和减少体表和畜禽舍内空气中的病原微生物。此法既可减少畜禽体及环境中的病原微生物,净化环境,又可降低舍内尘埃,夏季还有降温作用。但是,在养鸡场,如果鸡舍内支原体、大肠杆菌等病原污染严重时,容易诱发呼吸道疾病。

畜禽体喷雾消毒常用的器械,有手提式或肩背式喷雾器,可供小型养殖场使用,大中型养殖场可使用自动、半自动喷雾消毒设备。常用的药物有0.2%～0.3%的过氧乙酸,每立方米空间用药15～30毫升,也可用0.02%的次氯酸钠溶液。

消毒时从畜禽舍的一端开始,边喷雾边匀速走动,使舍内各处喷雾量均匀。本消毒方法全年均可使用,一般情况下,每周消毒1～2次，春秋疫情常发季节，每周消毒3次，在有疫情发生时，每天消毒1～2次。

4. 粪便的消毒

患传染病和寄生虫病的病畜禽粪便的消毒方法有多种，如焚烧法、化学药品消毒法、掩埋法和生物热消毒法等。实践中最常用的是生物热消毒法，此法能使非芽孢病原微生物污染的粪便变为无害，且不丧失肥料的应用价值。粪便的生物热消毒法通常有两种，一种为发酵池法，另一种为堆粪法。

（1）发酵池法。此法适用于中大型养殖场，多用于稀薄粪便（如牛、猪粪）的发酵。可在距养殖场200～250米以外无居民、河流、水井的地方，挖筑2个或2个以上的发酵池（池的数量与大小决定于每天运出的粪便数量）。池可筑成圆形或方形，其边缘与池底用砖砌后再抹上水泥，使其不透水。待倒入池内的粪便快满时，在粪便表面铺一层干草，上面盖一层泥土封严，经1～3个月即可掏出作肥料用。几个发酵池可依次轮换使用。

（2）堆粪法。此法适用于干固粪便（如马、羊、鸡粪等）的处理。在距养殖场100～200米以外的地方设一堆粪场，在地面挖一浅沟，深约20厘米，宽1.5～2米，长度不限，随粪便多少而定。先将非传染性的粪便或蒿秆等堆至25厘米厚，其上堆放欲消毒的粪便、垫草等，高达1～1.5米，然后在粪堆外面再铺上10厘米厚的非传染性的粪便或谷草，并覆盖10厘米厚的沙子或泥土。如此堆放3个星期到3个月，即可用以肥田。

当粪便较稀时，应加些杂草，太干时倒入稀粪或加些水，以促使其迅速发酵，也可以掺入马粪或干草，其比例为4份牛粪加1份马粪或干草。

5. 畜禽产品的消毒

容易传播疾病的畜禽产品，主要是皮革原料和羊毛等。皮革原料和羊毛的消毒，通常是用福尔马林气体在密闭室中熏蒸，但此法可损坏皮毛品质，且穿透力低，较深层的物品难以达到消毒的目的。目前广泛利用环氧乙烷气体来进行消毒。此法对细菌、病毒、立克次体及霉菌均有良好的消毒作用，对皮毛等畜禽产品中的炭疽杆菌芽孢也有较好的消毒效果。消毒时必须在密闭的专用消毒室或密闭性好的容器（常用聚乙烯或聚氯乙烯薄膜制成的篷布）内进行。环氧乙烷的用量，如消毒病原体繁殖型，用300～400克/立方米，作用8小时；如消毒芽孢和霉菌，用700～950克/立方米，作用24小时。环氧乙烷的消毒效果与湿度、温度等因素有关，一般认为，相对湿度为30%～50%，温度在18℃以上54℃以下，最为适宜。

6. 地面土壤的消毒

被病畜禽的排泄物和分泌物污染的地面土壤，可用5%～10%的漂白粉溶液、百毒杀或10%的氢氧化钠溶液消毒。停放过芽孢型传染病（如炭疽、气肿疽等）病畜禽尸体的场所，或者是此种病畜禽倒毙的地方，应严格消毒，首先用10%～20%的漂白粉乳剂或5%～10%的优氯净喷洒地面，然后将表层土壤掘起30厘米左右，撒上干漂白粉并与土混合，将此表土运出掩埋，在运输时应用不漏土的车，以免沿途漏撒。如不具备将表土运出的条件，则应加大干漂白粉的用量（每平方米面积加漂白粉5千克），将漂白粉与土混合，加水湿润后原地压平。

7. 污水的消毒

被病原体污染的污水，可用沉淀法、过滤法、化学药品处理法等进行消毒。比较实用的是化学药品消毒法。方法是先将污水处理池的出水管用一木闸门关闭，将污水引入污水池后，加入化学药品（如漂白粉或生石灰）进行消毒。消毒药的用量视污水量而定(一般1升污水用2～5克漂白粉)。消毒后,将闸门打开,使污水流入渗井或下水道。

(五)影响消毒效果的因素

(1)消毒剂的浓度。消毒剂必须按要求的浓度配制和使用,浓度过高或过低,均会影响消毒效果。

(2)消毒剂作用时的温度。大部分消毒剂在较高的温度下消毒效果好。较高的温度能增强消毒剂的杀菌力,并能缩短消毒时间,但个别消毒剂随着温度升高,其杀菌力反而降低。所以,应掌握各种消毒剂的使用温度。

(3)环境湿度。湿度对熏蒸消毒的作用影响较大,用甲醛或过氧乙酸气体熏蒸消毒时,相对湿度以60%～80%为宜。

(4)消毒剂作用的时间。一般消毒剂接触到微生物后,不可能立刻就将其杀灭,必须与其消毒对象作用一定时间才能发挥作用,最快的几秒钟,一般几分钟或几十分钟,长的可达数小时至数天。消毒时间长短,主要取决于病原微生物的抵抗力和消毒剂的种类、浓度和温度等。

(5)环境的酸碱度。酸碱度的变化可影响某些消毒剂的作用。如新洁尔灭等阳离子消毒剂,在碱性环境中杀菌力强;石炭酸、来苏水、氯消毒剂和碘消毒剂,在酸性环境中杀菌作用增强。

(6)环境中的有机物。当环境中有有机物质(如排泄物、分泌物)存在时,由于消毒剂氧化作用降低或者有机物质能吸附消毒剂,从而会降低消毒剂的杀菌能力。有机物影响较大的消毒剂有新洁尔灭、乙醇、次氯酸盐等。

(7)配制消毒剂时水的硬度。硬水中含过多的矿物质,尤其是钙,可影响某些消毒剂的杀菌能力。

(8)环境中的中和剂。当环境中存在某些消毒剂的中和剂时,影响该消毒剂的杀菌能力。因此,多种消毒剂配合使用时应

慎重。

五、扑灭疫情的措施

(一)疫情报告

依据《动物防疫法》等有关规定,当畜禽养殖、生产、经销单位或个人突然发现畜禽死亡或怀疑为发生传染病时,应马上报告当地基层兽医站或畜禽防疫机构,兽医防疫人员则应及时赶到现场。若疑为口蹄疫、炭疽、牛瘟、猪瘟、猪传染性水疱病、鸡新城疫、禽流感等重要传染病时,一定要立即向上级有关机关报告。上级机关接到疫情报告后,除及时派人到现场协助诊断和紧急处理之外,还要视具体情况通知附近有关单位、部门做好预防工作,并逐级上报。若为紧急疫情,应以最快的方式上报有关部门。

上报疫情的内容应包括:发病时间、地点;发病动物种类,发病头数(只)和死亡头(只)数;有代表性的主要症状及病变特征;初步诊断结果或怀疑是什么传染病;已采取的措施及效果等。

(二)隔离

隔离患病畜禽和可疑感染的畜禽是扑灭传染病的重要措施之一。隔离传染病患病畜禽是为了隔离传染源、防止疫病进一步向外蔓延传播,以便把疫情控制在最小范围内,并就地扑灭。发生传染病时,应认真逐头进行临诊检查,必要时进行血清学或变态反应检查,根据检查结果,将全部受检畜禽分为患病畜禽、可疑感染畜禽和假定健康畜禽 3 类,分别对待。

(1)患病畜禽。包括有典型症状或类似症状,或其他特殊检查阳性反应的畜禽。这些畜禽是最危险的传染源,应选择不易散播病原体、消毒处理方便的地方隔离,有条件的可移入病畜禽隔离舍。被隔离的病畜禽应有专人饲养，严加看管，及时治疗或按规定处理，加强对隔离场所消毒及粪便的处理，严禁人、畜禽随意出入。

(2)可疑感染畜禽。无任何症状、但与病畜禽及其污染的环境有过明显接触的畜禽，称为可疑感染畜禽。如与病畜禽同群、同圈舍、同牧或共同使用同一水源、草场、用具等的畜禽均属可疑感染畜禽。该类畜禽中有的可能已经感染而处于潜伏期，并有排菌(毒)的危险。对可疑感染的畜禽，应将其隔离饲养，限制活动，经常消毒，仔细观察，对出现症状者按患病畜禽处理。有条件时，应对该类畜禽进行紧急免疫接种或用适当药物进行预防性治疗。隔离时间视传染病潜伏期长短等具体情况而定，经过一定时间无病例出现时，可取消其限制。

(3)假定健康畜禽。疫区内除上述两类畜禽之外的易感畜禽均属此类。对其应严加看管，禁止该类畜禽与前两类畜禽接触，以防被传染。除加强卫生、消毒等措施外，应立即对该类畜禽进行紧急免疫接种，必要时可将其分散或转移至偏僻处饲养。

(三)封锁

当发生某些烈性传染病时，必须采取行政命令的手段，将疫区和周围的受威胁区隔绝开来，以防止传染病扩大蔓延，将疫情就地扑灭，这种措施叫做封锁。

1. 封锁的目的和原则

封锁的目的是保护广大地区畜禽的安全和人民的健康，把疫病控制在封锁区内，集中力量就地扑灭。根据《中华人民共和国动物防疫法》规定，当发生第一类传染病(口蹄疫、蓝舌病、牛瘟、牛肺疫、非洲猪瘟、猪瘟、猪传染性水疱病、牛海绵状脑病、绵羊痒病、小反刍兽疫、绵羊痘和山羊痘、鸡新城疫、禽流感、非洲马瘟）或当地新发现的畜禽传染病时，要追查疫源，由畜牧兽医行政部门报请当地县级或县级以上人民政府批准，划定疫区，实行封锁。

执行封锁应遵循“早、快、严、小”的原则。即报告疫情执行封锁要早，行动要快，封锁要严，范围要小。

在具体划分疫区、疫点和受威胁区时，由有关畜牧兽医行政部门所属防疫检疫机构根据传染病的特点、畜禽分布、地理环境、居民点位置以及交通等条件划定，报请县或县以上人民政府批准后，由人民政府发布疫区封锁令。

2. 执行封锁必须采取的具体措施

所有措施的最终目的是把疫点封死、疫区封严。

（1）封锁疫点必须采取的措施。

①严禁人、畜禽、车辆出入和畜禽产品及可能污染的物品运出。必须出入的人员需经有关兽医人员许可，经严格消毒后出入。

②对病、死畜禽及其同群畜禽，县级以上畜牧兽医行政部门有权采取扑杀、销毁或无害化处理等措施，畜主不得拒绝。

③疫点出入口必须有消毒设施，疫点内用具、圈舍、场地必须进行严格消毒，疫点内的畜禽粪便、垫草、受污染的草料必须在兽医人员监督下进行无害化处理。

（2）封锁疫区必须采取的措施。

①交通要道必须建立临时性动物检疫消毒哨卡，配备专用消毒设备，监视畜禽及其产品的调动，严禁易感动物通过封锁线。对出入人员、车辆进行消毒。

②未污染的畜禽产品必须运出疫区时，需经县级以上农牧部门批准，在兽医防疫人员监督下经包装消毒后运出。

③患病动物应在严加隔离的条件下，根据具体情况分别进行治疗、急宰或扑杀等处理；对污染的饲料（草）、垫料、粪便、用

具、圈舍及运动场地等严格消毒;病死畜禽尸体应深埋或销毁;并做好杀虫、灭鼠工作。

④暂停集市和各种畜禽集聚性活动;禁止从疫区输出易感动物及其产品和被污染的饲料、用具等。

⑤疫区内的易感动物应及时进行紧急免疫接种。

⑥在最后一头(只)病畜禽痊愈、急宰或扑杀后,经过一定的封锁期(该种传染病的最长潜伏期)无新病例出现时,再经过一次全面、彻底的终末消毒后,方可解除封锁。封锁令的解除由发布封锁令的人民政府宣布并公告。

有些患病动物痊愈后,在一定时期内仍可带菌(毒)和排菌(毒),成为传染源,故应根据疫病具体情况,在一定时间内限制其活动范围,尤其不能到非疫区去。

(3)对受威胁区必须采取的措施。

①受威胁区内的易感动物及时进行紧急免疫接种。

②禁止本地区内易感动物出入疫区,避免使用从疫区流来的水源做畜禽饮水,加强饲养管理,进行消毒等防御措施。

③禁止从疫区购进畜禽及其产品和饲料等。若从解除封锁后不久的地区引进畜禽,必须隔离观察一定时间(一般为中大型家畜 45 天、小型家畜 30 天)。

④对设在受威胁区内的屠宰加工厂(场)及畜禽产品仓库等,要进行兽医卫生监督,拒绝接受来自疫区的活畜(禽)及其产品。

⑤注意随时监测畜禽动态。

(四)扑杀

扑杀病畜禽和可疑病畜禽是迅速、彻底地消灭传染源的有效手段。采取扑杀措施主要有四种情况:对于一些烈性传染病或烈性人畜共患病的患病动物要立即扑杀,并按有关规定严格处理;在一个地区或一个国家,新发生某种烈性或重点传染病时，为了迅速消灭疫情，应将最初发生的疫点内患病与可疑患病动物统统扑杀；在疫区解除封锁前，或某国、某地区消灭某种传染病时，为了尽快拔除疫点，也可将带病原的或检疫阳性的动物进行扑杀；对某些慢性经过的传染病，如结核、布鲁氏菌病、鸡白痢等，应每年定期进行检疫，为了净化这些疾病，必须将每次检出的阳性动物扑杀。

（五）畜禽尸体的无害化处理

1. 尸体的运送

尸体运送前，工作人员应穿戴工作服、口罩、风镜、胶鞋及手套。运送尸体应用特制的运尸车（车的内壁衬钉铁皮，以防漏水）。装车前应将尸体各天然孔用蘸有消毒液的湿纱布、棉花严密填塞，小动物和禽类可用塑料袋盛装，以免流出粪便、分泌物、血液等污染周围环境。在尸体躺过的地方，应用消毒液喷洒消毒，如为土壤地面，应铲去表层土，连同尸体一起运走。运送过尸体的用具、车辆应严加消毒，工作人员用过的手套、衣物及胶鞋等亦应进行消毒。

2. 尸体的处理

尸体的处理方法有多种，各具优缺点，在实际工作中应根据具体情况和条件加以选择。

(1)掩埋法。这种方法虽不够可靠，但比较简单，所以在实际工作中仍常应用。

①墓地的选择。选择远离住宅、农牧场、水源、草原及道路的僻静地方；土质宜干而多孔（沙土最好），以便尸体快速腐败分解；地势高，地下水位低，并避开山洪的冲刷；墓地应筑有 2 米高的围墙，墙内挖一个 4 米深的围沟，设有大门，平时加锁。

②挖坑。坑的长度和宽度以能容纳侧卧尸体即可，从坑沿

到尸体表面高度不得少于1.5～2米。

③掩埋。坑底铺2～5厘米石灰，将尸体放入，使之侧卧，并将污染的土层、捆尸体的绳索一起抛入坑内，再铺2～5厘米石灰，填土夯实。尸体掩埋后，上面应作50厘米高的坟丘。

(2)焚烧法。这是毁灭尸体最彻底的方法，可在焚尸炉中进行。如无焚尸炉，则可挖掘焚尸坑。焚尸坑有以下几种。

①十字坑。按十字形挖两条沟，淘长2.6米，宽0.6米，深0.5米。在两沟交叉处坑底堆放干草和木柴，沟沿横架数条粗湿木头，将尸体放在架上，在尸体的周围及上面再放上干柴，然后在木柴上倒上煤油，并压上砖瓦或铁皮，从下面点火，直到把尸体烧成黑炭为止，并把它掩埋在坑内。

②单坑。挖一条长2.5米，宽1.5米，深0.7米的坑，将取出的土堵在坑沿的两侧。坑内用木柴架满，坑沿横架数条粗湿木头，将尸体放在架上，以后处理，如十字坑法。

③双层坑。先挖一条长、宽各2米，深0.75米的大沟，在沟的底部再挖一条长2米，宽1米，深0.75米的小沟，在小沟沟底铺以干草和木柴，两端各留出18～20厘米空隙，以便吸入空气，在小沟沟沿横架数条粗湿木头，将尸体放在架上，以后处理如十字坑法。

(3)化制法。这是一种较好的尸体处理方法，对尸体的处理可达到无害化，并保留了有价值的畜禽产品，如工业用油脂及骨肉粉。此法要求在有一定设备的化制站进行。化制尸体时，对烈性传染病，如鼻疽、炭疽、气肿疽、羊快疫等病畜尸体可用高压灭菌；对于普通传染病可先切成4～5千克的肉块，然后在水锅中煮沸2～3小时。

(4)发酵法。将尸体抛入专门的尸体坑内，利用生物热的方法将尸体发酵分解，以达到消毒的目的。这种专门的尸体坑由贝卡里氏设计又叫做贝卡里氏坑。建筑贝卡里氏坑应选择远离住宅、农牧场、草原、水源及道路的僻静地方。尸坑为圆井形，深9～10 米，直径 3 米，坑壁及坑底用不透水材料做成（多用水泥）。坑口高出地面约 30 厘米，坑口有盖，盖上有小的活门（平时上锁），坑内有通气管。如有条件，可在坑上修一小屋。坑内尸体可以堆到距坑口 1.5 米处。经 3～5 个月后，尸体完全腐败分解，此时可以挖出做肥料。

如果土质干硬，地下水位又低，加之条件限制，可以不用任何材料，直接按上述尺寸挖一深坑即可，但需在距坑口 1 米处用砖头或石头向上砌一层坑缘，上盖木盖，坑口应高出地面 30 厘米，以免雨水流入。

第二节　畜禽给药及药物残留控制常识

一、兽药的使用

兽药是指用于预防、治疗或诊断畜禽等动物疾病，而有目的地调节其生理机能并规定作用、用途、用法、用量的物质（含药物饲料添加剂），包括兽用生物制品和兽用药品（化学品、中药、抗生素、生化药品等）。临床使用药物治疗的目的是达到最佳疗效且不良反应最小。

（一）兽药的分类

药物按其来源分为天然药物，如植物、动物、矿物和微生物发酵产生的抗生素；合成药物，如人工合成的各种化学药物和抗菌药物等；生物技术药物，如干扰素、胰岛素等；生物制品，如微生物疫苗等。兽药按其用途可以分为以下几种。

（1）抗微生物药物。包括抗生素（头孢氨苄类、氨基糖苷类、四环素类、氯霉素类、大环内酯类等)、化学合成抗菌药物(磺胺类及其增效剂、喹诺酮类等)、抗真菌药和抗病毒药等。

(2)抗寄生虫药。包括抗蠕虫药(驱线虫药、驱绦虫药、驱吸虫药)、抗原虫药(抗球虫药、抗锥虫药、抗梨形虫药、抗滴虫药)、杀虫药(大环内酯类杀虫药、有机磷类杀虫药、拟菊酯类杀虫药)等。

(3)消毒防腐药。包括环境消毒药(酚类、醛类、碱类、酸类、卤素类、过氧化物类等),皮肤、黏膜消毒药(醇类、表面活性剂、碘与碘化物、有机酸类、过氧化物类、染料类)等。

(4)生长代谢类药。包括维生素(脂溶性维生素、水溶性维生素)、矿物质(钙、磷及其他微量元素)、皮质激素类药(肾上腺皮质激素及促肾上腺皮质激素)等。

(5)血液循环系统药。包括作用于心脏的药物(强心药、抗心律失常药)、止血药、抗凝血药、抗贫血药、水盐代谢调节药(水和电解质平衡药、能量补充剂、酸碱平衡药、血容量扩充剂)等。

(6)消化系统药物。包括健胃药和助消化药、抗酸药、催吐药和止吐药、瘤胃兴奋药、制酵药与消沫药、泻药与止泻药等。

(7)呼吸系统药物。包括镇咳药、祛痰药、平喘药。

(8)泌尿系统药物。包括利尿药和脱水药等。

(9)生殖系统药物。包括性腺激素(雌激素、孕激素、雄激素及同化激素),促性腺激素、子宫收缩药、前列腺素等。

(10)神经系统药物。包括外周神经系统药物(传出神经系统药物、传入神经系统药物)、中枢神经系统药物(全身麻醉药、镇静与抗惊厥药、镇痛药、中枢兴奋药)等。

(11)其他常用药物。包括解热镇痛抗炎药、组胺与抗组胺药、解毒药等。

(12)生物制品。指用于畜禽的生物制品。

（二）兽药的剂型

根据药典和部颁标准，将药物制成适合临床需要并符合一定质量标准的药剂称为制剂。任何一种药物都是用于防病、治病和诊断疾病的，但是药物必须制成适合于患病畜禽应用的最佳给药形式，即药物剂型。药物的剂型与给药形式是相适应的，如土霉素可制成片剂供内服应用，制成水溶性粉剂供饮水或拌料使用，制成针剂，可用于注射给药。因此，同一种药物可以制成不同的剂型，用于多种途径给药。药物的剂型可以按下列方法分类。

（1）按形态分类。将药物剂型按形态可分为液体剂型，如溶液剂、注射剂、滴服剂、擦剂、煎剂、浸剂、酊剂、乳剂、流浸膏剂、合剂等；固体剂型，如散剂（粉剂）、可溶性粉剂、预混剂、丸剂、片剂、胶囊剂、栓剂、冲剂等；半固体剂型，如软膏剂、糊剂、舔剂、浸膏剂等；气体剂型，如气雾剂等。

（2）按分散系统分类。分为溶液型（如注射液、溶液剂、酊剂、合剂、滴眼剂等）、胶体溶液剂型（如涂膜剂、胶浆剂等）、乳剂型（如疫苗油乳剂、口服乳剂、静脉注射乳剂等）、混悬型、气体分散型、微粒分散剂、固体分散剂（如散剂、可溶性粉剂、预混剂、丸剂、片剂、胶囊剂、栓剂、冲剂等）。

（3）按给药途径分类。包括经胃肠道给药、注射给药、呼吸道给药、皮肤给药、黏膜给药、腔道给药等。

（三）兽药的用法和用量

1. 药物的用法

各种药物由于其剂型、使用目的以及动物的病情不同而用法各异，各种用法各有其优点，在临床上应尽量正确选择使用。

（1）口服。口服为最常用的给药方法，优点是应用比较简便，适于大多数动物和药物；缺点是受胃内容物的影响较大，吸收不规则，显效慢。口服药物经胃肠道吸收后，作用于全身，或停留在胃肠道发挥局部作用。口服用法适用于慢性或胃肠道感染性疾病的治疗，一些危急、昏迷、呕吐的病情不能口服；刺激性大、可损伤胃肠黏膜或能被消化液破坏的药物不能口服；成年草食动物口服广谱抗生素（如土霉素），如果剂量过大或疗程过长时，还易引起胃肠道内的菌群失调，导致二重感染，须慎用。

(2)注射。注射是临床上比较常用的一种方法，对一些不适合口服的药物或动物感染疾病后采食或饮水困难时，可用注射的方法。注射包括皮下注射（简称皮注）、肌肉注射（简称肌注）、静脉注射（简称静注）、静脉滴注（简称静滴）等，优点是吸收迅速，显效快。

①皮下注射是将药物注入颈部或股内侧皮下疏松结缔组织中，经毛细血管吸收，一般 10～15 分钟后出现药效。刺激性药物及油类药物不宜皮注，否则易造成发炎或硬结。

②肌肉注射是将药物注入富含血管的肌肉（如臀肌）内，吸收速度比皮下快，一般经 5～10 分钟即可出现药效。油剂、混悬剂也可肌注，刺激性较大的药物，可注于肌肉深部，药量大的应分点注射。

③静脉注射是将药物注入体表明显的静脉中，作用最快，适用于急救、注射量大或刺激性强的药物；但也可能出现轻微或剧烈的不良反应，药液漏出血管外可能引起刺激反应或炎症。混悬液、油溶液易引起溶血或凝血的物质不可静注。

④静脉滴注是将药物缓慢输入静脉，并用滴数计速，称为静脉滴注或静脉点滴。一般大量补充体液时或使用作用强烈的药物时常采用此方法。

(3)局部用药。将药物用于局部，起到局部治疗作用。如涂

擦、撒布、喷淋、洗涤、滴入(眼、鼻)、乳管灌注、子宫灌注等,都属于皮肤、黏膜等局部组织或器官的用药。

(4)群体给药法。随着畜牧业向集约化方向发展,畜禽的规模化养殖要求在预防或治疗动物传染病和寄生虫病以及应用一些促进畜禽发育、生长的药物的时候,对动物整群施用药物。常用方法有饮水给药、混饲给药、气雾给药、药浴和环境消毒等方式。

①饮水给药。将药物溶解于水中,让动物自由饮用。此法适用于群体预防用药,或因病不能吃食,但还能饮水的动物。应用此法时注意依据动物的可能饮水量来计算用药量与药液浓度,保证每次饮水有足够剂量的药物进入体内,必要时可以先控水几个小时,然后给予药水;对不溶于水的药物,使用助溶剂或改变水溶液的 pH 值,使药物能够溶于水中;在水中易破坏变质的药物,应现配现用,并在规定时间饮完药液,以防止药物失效或产生毒性等。

②混饲给药。将药物均匀混入饲料中,在动物吃饲料时能同时摄入药物。优点是简便易行,适用于长期投药。但应注意药物与饲料的混合必须均匀,并应准确掌握饲料中药物的浓度,同时还要注意有些药物与饲料中的金属离子能形成难于吸收的络合物。

③气雾给药。将药物以气雾剂的形式喷出,使之分散成微粒,让动物经呼吸道吸入而在呼吸道发挥局部治疗作用,或使药物经肺泡吸收进入血液而发挥全身治疗作用。若喷雾于皮肤或黏膜表面,则可发挥保护创面、消毒、局麻、止血等局部作用。气雾吸入要求药物对动物呼吸道无刺激性,且药物应能溶解于呼吸道的分泌液中,否则会引起呼吸道炎症。此法在养殖业上多用于带动物消毒。

④药浴。多用于杀灭动物体表寄生虫。药浴用的药物最好是水溶性的，遇难溶的药物时，要先用适宜的溶媒将药物溶解后再溶入水中。药浴应注意掌握好药液浓度、温度和浸洗的时间。寒冷季节药浴后要注意动物的保温。

⑤环境消毒。为了防止疾病的发生和传播，杀灭环境中的寄生虫与病原微生物，常对畜禽周围的环境进行消毒。除采用气雾给药法外，常用的方法还有喷洒药液于动物厩舍、窝巢及饲养场，或用药液浸泡、洗刷饲喂器具及与动物接触的用具。消毒环境及用具，要注意掌握药液浓度，对刺激性及毒性强的药物应在消毒后及时除去，以防动物中毒。

2. 药物的用量

临床上所说的剂量是指对成年动物能产生明显治疗作用而又不致引起严重不良反应的剂量。药物剂量的大小可以依据治疗指数并在安全范围内确定。动物的种类、年龄、体重、病情、给药途径以及不同种类的药物对用量有较大差别。药物剂量可以按成年动物个体的用量来表示，也可以用动物每千克体重来表示，需要根据动物体重计算。临床上为了保证用药安全，对某些毒剧药规定了极量。

（四）合理使用药物

1. 影响药物作用的因素

影响药物作用的因素有许多方面，既有药物方面的因素，又有动物机体方面的因素，此外，环境因素也不容忽视。

(1)药物因素。药物不同的剂量和剂型、给药的时间和次数，以及药物的相互作用，对实际治疗效果有直接的影响。比如，75％的乙醇杀菌力最强，人工盐小剂量应用是健胃药、大剂量是用作泻药，抗生素药物给药的间隔时间应根据药物的半衰期和最低有效浓度来确定，利用药物间的协同作用可以增加疗效，同时还要注意配伍禁忌，避免相互间有拮抗作用、甚至产生毒副作用的药物同时使用。

(2)动物因素。一是注意药物在不同动物种属上的差异，如水合氯醛可以作为马、骡、驴、骆驼、猪、犬的麻醉剂，而牛、羊一般不用；氯胺酮可用做马、牛、猪等动物的麻醉剂，但驴、骡对其不敏感；土霉素是治疗胃肠道感染的常用药物，但是成年草食动物内服后，剂量过大或疗程过长时，易引起肠道菌紊乱，导致消化机能失常，造成肠炎和腹泻，并形成二重感染，因此，成年反刍动物、马属动物和兔不宜内服土霉素。二是注意生理因素上的差异。幼畜禽由于肝、肾功能发育不全，老龄畜禽由于肝肾功能衰退，药物的消除率下降，药物的半衰期延长；怀孕动物用一些能够增强子宫收缩力的药物，易导致流产。三是病理情况差异。如解热镇痛药物只对体温升高的动物有降温作用，而对正常体温无影响。疾病也影响药物疗效，如肝、肾功能不全，影响药物的转化和排泄；营养不良的动物，由于蛋白质合成减少，使药物与血浆蛋白结合量减少，血中游离药物增多，使药物的生物转化和排泄增加，用药间隔缩短。

(3)环境因素。动物饲养管理水平的高低和生存环境的好坏直接影响着药物的作用。饲养管理主要包括饲料搭配是否合理，营养是否全面，饲养密度适宜与否，畜舍的通风、采光和活动空间能否满足动物生长的需要等。生存环境卫生清洁、温度湿度适宜、通风良好，有利于药物的作用。

2. 合理使用兽药注意事项

在疾病诊断以后，合理使用药物更重要。选用药物时必须以兽医药理学理论为指导，结合兽医临床实际经验，依据动物病情合理选择。合理用药要注意以下事项。

(1)正确诊断,对症下药。正确诊断是合理用药的先决条件,每一种药物都有其适用症。针对患病动物的具体病情,选用安全、可靠、方便、价廉的药物,反对盲目滥用药物。

(2)制定适宜的给药方案。根据病情、用药目的、药物本身的性质、药物动力学知识制定科学的给药方案。如病情比较危急,可采用静脉注射或静脉滴注给药;如果是为了控制胃肠道的大肠杆菌感染,可选用一些在胃肠道不易吸收的抗菌药物,如氨基糖苷类药物等。

(3)尽量避免和积极预防药物不良反应。几乎所有的药物在有治疗作用的同时也存在不良反应,在预见药物治疗作用的同时,应积极预防不良反应的发生。

(4)合理地联合用药。尽可能地避免联合用药,如果要联合用药,应确保药物在合用后对疾病有协同治疗作用。联合用药时要注意药物的配伍禁忌。慎重使用固定剂量的联合用药。

(5)因地制宜选用药物。不同种类的动物,不同的年龄、性别、体况、病情等,所选用的药物不同;同一种动物,可能出现同样的发病症状,但在不同的地区,发病原因可能不同,因此选用的药物也不同。

(6)严格遵守各种药物的休药期。

(五)国家禁止在食品动物生产中使用的药品、兽药和化合物

农业部、卫生部、国家药品监督管理局 2002 年 176 号公告发布了《禁止在饲料和动物饮水中使用的药物品种目录》,农业部 2002 年 193 号公告发布了《食品动物禁用的兽药及其他化合物清单》,均明确规定了在动物饲料和饮水中禁止使用的药物和其他禁用物质。违反规定生产、经营和使用违禁药物的将受到法律的严厉制裁,直至追究刑事责任。在动物饲料和动物饮水

中禁止使用的药品、兽药和化合物共六大类55种。

(1)肾上腺素受体激动剂。盐酸克伦特罗(俗称瘦肉精)、沙丁胺醇、硫酸沙丁胺醇、莱克多巴胺、盐酸多巴胺、西马特罗、硫酸特布他林。

(2)性激素。己烯雌酚、雌二醇、戊酸雌二醇、苯甲酸雌二醇、氯烯雌醚、炔诺醇、炔诺醚、醋酸氯地孕酮、左炔诺孕酮、炔诺酮、绒毛膜促性腺激素、促卵泡生长激素、玉米赤霉醇、去甲雄三烯醇酮、甲基睾丸酮、丙酸睾酮、苯丙酸诺龙、醋酸甲孕酮。

(3)蛋白同化激素。碘化酪蛋白。

(4)精神药品。盐酸氯丙嗪、盐酸异丙嗪、地西泮(安定)、苯巴比妥、苯巴比妥钠、巴比妥、异戊巴比妥、异戊巴比妥钠、利血平、艾司唑仑、甲丙氨脂、咪达唑仑、硝西泮、奥沙西泮、匹莫林、三唑仑、唑吡旦、安眠酮,国家管制的其他精神药品。

(5)抗菌类。氯霉素(包括琥珀氯霉素)、氨苯砜、呋喃唑酮、呋喃它酮、呋喃苯烯酸钠、硝基酚钠、硝呋烯腙、甲硝唑、地美硝唑。

(6)抗生素滤渣。该类物质是抗生素产品生产过程中产生的工业三废。因含有微量抗生素成分,使用后对动物有一定的促生长作用,但容易引起耐药性、安全性低、药物残留难以控制,已禁止在养殖业上应用。

二、兽药残留的控制

1. 畜禽不合理用药引起残留的危害

残留是指用药后药物的原形或其代谢产物在动物的细胞、组织、器官或可食性产品(如蛋)中的蓄积、沉积、储存或结合;环境化合物对可食性产品的污染,也称为残留。对于药物残留,人们所关注的是它对生产动物和人体的毒性,在动物性食品中的形态、数量和变化规律，允许量和监控方法，以及食品储藏、加工对它的影响。药物残留对人体有许多危害，除变态或过敏反应外，还表现为慢性中毒，如耐药性转移与传播、二重感染、致畸作用、致突变作用、致癌作用和激素样作用等。这些作用，大多是人类摄入低量残留物一段时间后，残留物在体内逐渐蓄积所致。

（1）过敏反应。药物残留引发的变态反应，轻者表现为皮疹和水肿，重者则为致死性反应。能引起变态或过敏反应的饲用药物为数不多，主要是青霉素类、四环素类、磺胺类和一些氨基糖苷类药物。这些药物进入体内后，与体内的大分子物质结合而具抗原性，刺激机体产生抗体。青霉素类引起变态反应的潜在危险最大，因为该类药物具有很强的变应原性，并且被广泛地应用于人和动物。

（2）耐药性。是指有些病原对通常能抑制其生长繁殖的一定浓度的抗菌药物产生不敏感性或耐受性。食品中残留的低浓度的化学药物，为病原产生耐药性提供了条件。长期摄食含抗菌物残留的食品，能使人体肠道内的常在微生物群落失调，非致病性微生物受到抑制，条件性致病微生物过度增殖并释放大量毒素，从而引起二重感染或内源性继发感染。

（3）激素样作用。食品中激素的残留能影响人体功能紊乱，如儿童早熟，成年人更年期异常等。食品中克伦特罗（俗称“瘦肉精”）残留超标，会使食入畜禽产品者出现肌肉震颤、心跳加快、摆头、心慌等神经、内分泌紊乱症状；磺胺药能干扰甲状腺素的合成。

（4）特殊毒性。有些原药的排出代谢物毒性则比原药更强，这类物质可与内源性大分子化合物发生共价结合（即结合残留），使膜的脂质过氧化、蛋白质和核酸烷基化等，导致组织发生癌变、突变、畸变及坏死等，也可引起变态反应。比如，氯霉素经代谢能与体内蛋白质结合，经常摄食含氯霉素及其代谢物的食品，可抑制骨髓蛋白质的合成，干扰造血功能，导致再生障碍性贫血。四环素能部分以钙盐形式长期保留在骨组织中，还可能引起肝功能障碍。氨基苷类能引起肾脏损害和听神经功能障碍。

2. 造成畜禽产品兽药残留的主要原因

（1）不正确地使用药物，如用药剂量、给药途径、用药部位和用药动物的种类不符合用药要求，这些因素有可能延长药物残留在体内的存留时间，从而需要增加休药的天数。

（2）在休药期结束前屠宰动物。

（3）屠宰前用药掩饰临诊症状，以逃避宰前检查。

（4）以未经批准的药物作为添加剂饲喂动物。

（5）药物标签上的用法指示不当，造成残留物违规超标。

（6）饲料粉碎设备受污染或将盛过抗菌药物的容器用于贮藏饲料。

（7）接触厩舍粪尿池中含有抗生素等药物的废水和排放的污水。

为了控制药物残留，除减少或杜绝以上原因引起的错误用药外，应特别注意执行休药期和使用规定目录名录之内的兽药及饲料添加剂。

3. 减少和控制畜禽产品兽药残留的措施

动物性食品中的兽药残留越来越成为全社会共同关注的公共卫生问题。兽药残留不但影响着人们的身体健康，也不利于养殖业的健康发展和畜产品走向国际市场，必须在畜牧生产实践中规范用药，同时建立起一套药物残留监控体系，制定违规后的相应处罚手段，才能真正有效地控制药物残留的发生。

(1)严禁使用禁用药物。在畜禽饲料生产过程中,要认真执行国家有关的法令与规定,严禁使用明令禁用的兽药及其他化合物。

(2)科学用药。一是要尽量选用无宰前停药期的药物,以确保屠宰前动物的健康;二是选用与人类用药无交叉抗药性的畜禽专用药物;三是改变某些终身用药的方法为阶段适时用药;四是坚决禁止食用未出停药期的患病急宰动物;五是不随意加大用量。例如很多饲养场平时不注重加强饲养管理,没做好预防工作,而发病后又滥用药,任意加大剂量或改变用药方法等等,导致产品药物残留超标。

(3)切实执行休药期标准。严格执行休药期是控制兽药残留的重要措施,凡食品动物应用的药物或其他化学物质均需规定休药期。休药期也叫廓清期或消除期,指畜禽停止给药到许可屠宰或它们的产品(肉、乳、蛋)许可上市的间隔时间。休药期的规定是为了减少或避免供人食用的动物组织或产品中残留药物超标。在休药期间,动物组织或产品中存在的具有毒理学意义的残留可逐渐消除,直到达到"安全浓度",即低于"允许残留量"。休药期随动物种属、药物种类、制剂形式、用药剂量及给药途径等不同而有差异,一般为几小时、几天到几周,这与药物在动物体内的消除率和残留量有关。

(4)研制推广使用天然药物和制剂,减少抗生素和合成药的使用。谨慎使用抗生素,减少对抗生素使用的依赖性和随意性,改善饲养管理及卫生状况,应用安全绿色的添加剂,最大限度地减少抗生素用量。近年来,微生态制剂、益生素等天然物质饲料添加剂相继出现,它们能够在数量或种类上通过补充肠道内减少或缺乏的正常微生物,调整或维持肠道内微生物生态平衡,增强机体的免疫机能和抗应激能力,保障畜禽健康,提高生产性能和经济效益,而且避免了药物残留和抗药性等问题,是一种很有

前途的添加剂。

(5)严格执法，加强兽药、饲料的监管力度。要对氯霉素、瘦肉精、镇静药类等明令禁止使用的药物进行重点监测、监管，完善由上至下的监控体系，严格规范具体残留数据标准，制定违规行为的相应处罚手段，加大对有关禁用药物生产、销售行为的打击力度，依法追究法律责任，以此有效地控制药物残留问题。

第三节　动物福利及畜禽舍环境卫生控制技术

一、动物福利与健康养殖的概念

1. 动物福利

所谓动物福利，即人类应该合理、人道地利用动物，要尽量保证那些为人类做出贡献的动物享有最基本权利，如在饲养时给它一定的生存空间，在宰杀时要尽量减轻动物的痛苦等。

国际社会普遍认为动物应享有下列五大自由：一是享有不受饥渴的自由；二是享有生活舒适的自由；三是享有不受痛苦伤害和疾病威胁的自由；四是享有生活无恐惧和悲伤感的自由；五是享有表达天性的自由。

关注动物福利，就是指畜禽养殖业在环境改造、畜栏设计、日常管理、转运方式等方面，都要充分考虑畜禽的解剖生理特点和生命本能需求，给予人道化的饲养制度和管理措施，使畜禽不受饥渴、不受伤害、无恐惧，让畜禽吃的舒服、住的舒服。

2. 健康养殖

就是根据养殖对象的生物学特性，运用生理学、生态学、营养学原理来指导养殖生产的一系列系统的原理、技术和方法，以保护动物健康、保护人类健康、生产安全营养的畜产品为目的，最终以无公害畜牧生产为结果。健康养殖生产的产品首先必须为社会接受，是质量安全可靠、无公害的畜产品，对人类健康没有危害；其次，健康养殖是具有较高经济效益的生产模式；再次，健康养殖对于资源的开发利用应该是良性的，其生产模式应该是可持续的，对于环境的影响是有限的，体现了现代畜牧业的经济、生态和社会效益的高度统一。健康养殖生态管理的基本原理包括养殖环境的管理、组合因子的综合管理、加强对能引起养殖生物"应激反应"的生态因子的监控、适宜的养殖密度、合理的营养管理和有效的疫病防控。

可持续的健康养殖模式要求：品种选择合理，投入和产量水平适中，种植业、禽畜养殖业和加工业有机结合，通过养殖系统内部的废弃物的循环再利用，达到对各种资源的最佳利用，最大限度地减少养殖过程中废弃物的产生，在取得理想的养殖效果和经济效益的同时，达到最佳的环境生态效益，形成适合各种自然环境条件和社会文化、经济特点的健康养殖模式。

养殖设施是开展养殖的重要物质基础，养殖设施的结构和设计，在很大程度上影响畜牧养殖应用以及养殖效果和环境生态效益。要开展健康养殖，达到养殖可持续发展，必须对现行的养殖设施结构进行改造，新型的养殖设施，除了具有提供动物生长空间和基本的防疫功能之外，还应具有较强的环境调控和净化功能。在各种养殖模式中，应重点研究多元养殖、生态养殖等低耗、高产的健康养殖技术工艺，开发环境清洁技术、生物降解技术等。

二、畜禽舍环境卫生控制技术

(一)控制和消除畜禽舍的有害气体

1. 有害气体的种类和危害

在正常的空气环境中,畜禽可以保持其正常生理机能;如果空气受有害物质污染,会给畜禽带来不良的影响,甚至引起患病、死亡。畜禽舍中的有害气体主要有氨气、硫化氢、一氧化碳、二氧化碳等,这几种气体的主要危害如下。

(1)氨气。氨气能刺激黏膜,引起黏膜充血、喉头水肿、气管炎、支气管炎,严重时可导致肺水肿、肺出血等;低浓度的氨气可刺激三叉神经末梢,引起呼吸中枢的反射性兴奋,吸入肺部的氨可与血红蛋白结合,从而破坏血液的运氧功能;高浓度的氨气可直接刺激机体组织,使组织溶解、坏死,还能引起中枢神经系统麻痹、中毒性肝病、心肌损伤等症。

(2)硫化氢。主要刺激黏膜,引起结膜炎,表现流泪、角膜浑浊、畏光等症状,同时引起鼻炎、气管炎、咽喉烧伤,以至肺水肿;经常吸入低浓度的硫化氢,可导致植物性神经紊乱;硫化氢经肺进入血液,能使细胞色素氧化酶失活,造成组织缺氧;长时期处在低浓度硫化氢的环境中,畜禽体质变弱,抗病力下降,易发生肠胃病、心脏衰弱等;高浓度的硫化氢可直接抑制呼吸中枢,引起窒息和死亡。

(3)一氧化碳。一氧化碳对血液、神经系统具有毒害作用,抑制细胞的含铁呼吸酶,造成中枢神经系统缺氧,严重时可导致中毒死亡。

(4)二氧化碳。二氧化碳本身无毒性,它的危害主要是造成缺氧,引起慢性毒害。畜禽长期处在缺氧的环境中,表现精神委靡，食欲减退，生产力降低，对疾病的抗病能力减弱。在一般畜禽舍中，二氧化碳浓度很少会达到引起畜禽中毒的程度，二氧化碳的卫生意义在于，它能表明畜禽舍空气的污浊程度；同时也表明畜禽舍空气中可能存在其他有害气体。因此，二氧化碳的增减，可作为畜禽舍卫生评定的一项间接指标。

2. 控制有害气体的措施

消除畜禽舍中的有害气体是改善畜禽舍空气环境的一项重要措施。由于造成畜舍内高浓度的有害气体的原因是多方面的，因此，消除舍内有害气体必须采取多方面的综合措施。

(1)注意畜禽舍卫生。及时消除粪尿污水，不使它在舍内分解腐烂。有些畜牧场通过对家畜的调教训练，每天数次定时将家畜赶到舍外去排粪排尿，可有效地减轻舍内空气的恶化。同时，应从畜禽舍建筑设计着手，在畜禽舍内设计除粪装置和排水系统。

(2)注意畜禽舍的防潮。因为氨气和硫化氢都易溶于水，当舍内湿度过大时，氨和硫化氢被吸附在墙壁和天棚上，并随着水分透入建筑材料中。当舍内温度上升时，又挥发逸散出来，污染空气。因此，畜禽舍的防潮和通风是减少有害气体的重要措施。

(3)铺设能够吸收有害气体的垫料。舍内地面，主要是畜床上应铺以垫料，垫料可吸收一定量的有害气体，其吸收能力与垫料的种类和数量有关。一般麦秸、稻草或干草等对有害气体有一定的吸收能力。

(4)合理通风换气。消除舍内的有害气体，当自然通风不足以排除有害气体时，还必须施行机械通风。

当采用上述各种措施后，还未能降低舍内氨臭时，可用过磷酸钙消除，过磷酸钙可吸附氨气，生成铵盐，能有效地减少畜禽舍内氨气浓度。

（二）控制和消除空气中的微生物

1. 畜禽舍空气中微生物分类

畜禽舍空气中的微生物大体可分为3类：第一类是舍外空气中常见的微生物，如芽孢杆菌属、无色杆菌属、八叠球菌属、链球菌属、酵母菌属、真菌属等，它们在扩散过程中逐渐被稀释，致病力逐渐被减弱，亦可随风飘向很远的地方，有时被雨水或降雪带到地面。第二类是舍内空气中的病原微生物。畜禽与外界环境接触最多的是空气，病原微生物随空气经呼吸道侵入畜禽体内的机会也最多，除能引起各种呼吸道疾患外，还有经呼吸道而引起全身感染的口蹄疫、鸡马立克氏病等；其他如鸡新城疫和猪瘟在畜禽群间的互相传染，也多是有空气侵入呼吸道或其他部位黏膜而引起的。据报道，当空气中的大肠杆菌数高达一定数值时，肉用鸡就会发生大肠杆菌败血症；从患新城疫和鸡马立克氏病的鸡舍中或患口蹄疫的牛舍空气中，可以检测出有关的病菌和病毒。第三类是空气变应源污染物。所谓变应源污染物是一种能激发变态反应的抗原性物质，常见的空气变应源污染物有饲料粉末、花粉、皮垢、毛屑、各种真菌孢子等。此类污染物进入畜禽体内，可引起相应的反应性疾患。

2. 畜禽舍空气中微生物的传播途径

空气中的微生物在疾病传播上起着重要的作用，其传播途径主要有3条。

（1）附着在各种固态微粒上进行灰尘传播。各种病原微生物可附着在尘粒上，如清扫畜禽舍地面时扬起的灰尘，分发干粉饲料时飞扬的粉尘，刷拭畜体时产生的毛屑以及病畜粪便干燥后形成尘粒等，均能造成灰尘传播。一般刚飞扬起来的微粒，其致病性比长久飘浮在空气中的微粒强。

(2)存在于飞沫小滴内进行飞沫传播。家禽在打喷嚏、咳嗽、鸣叫时,从鼻腔、口腔内喷出大量的飞沫小滴有多种病原菌。飞沫小滴的直径大小不一,直径较大的飞沫很快降落到地面,但从喷嚏或咳嗽出来的飞沫有90%以上的直径小于5微米,可以长期浮游在空气中,从而引起各种病原菌的传播。

(3)飞沫小核的传播。当飞沫小滴干燥后就形成飞沫小核。其直径很小,一般仅为1~2微米,可以在空气中长期漂浮,并可随气流带到很远处,引起更广泛的传播。

3. 控制和消除畜禽舍微生物的措施

应采取以下5项措施控制和消除畜牧场的微生物。

(1)慎重选址。在选择场址时,应远离传染病源,如医院、兽医院以及各种加工厂,避免引起灰尘传播。牧场一般要求有天然屏障,以防污染。并在畜牧场周围设置防疫沟、防护墙或防护网,防止狗、猫等动物携带病原菌进入场内。畜牧场大门应设车辆和行人进出的消毒池。

(2)严格消毒。畜牧场建成后,应对全场和畜禽舍进行彻底消毒,畜禽舍的出入门口应设置消毒池。饲养人员进入畜禽舍时,必须穿上消过毒的工作服、帽、鞋、手套等,并通过有紫外线灯的通道。严禁场外人员和车辆进入畜禽舍区。

(3)保持空气流通。平时要保证畜禽舍内的通风换气,使舍内空气经常保持清洁状态。把经过过滤器的舍外新鲜空气送入鸡舍内,对预防鸡的呼吸道疾病较为有效。定期进行畜禽舍消毒,例如用消毒药喷洒地面、尿沟、畜禽栏,必要时用福尔马林蒸汽或紫外线灯进行畜禽舍空气消毒。

(4)净化空气。可用电子除尘器来净化畜禽舍空气中的尘埃和微生物。在患有口蹄疫的牛舍内向空气中喷雾,可以使空气中的口蹄疫病毒显著下降,另外,空气中的微生物可以被雨水或被水气吸附而沉降。

(5)及时清污。及时清除畜禽舍内的粪尿和污染垫草,并对病畜禽的粪便和垫草进行消毒处理。

(三)控制和消除畜禽舍空气中的微粒

1. 畜禽舍空气中微粒的危害

空气中经常夹带各种微粒,粒径大于1微米的固态微粒称为尘,小于1微米的称为烟,液态的微粒称为雾。畜禽舍内的微粒,一部分是由舍外进入的,另一部分是在饲养管理过程中产生的。在分发干草或粉料、刷拭畜体、翻动垫草、打扫畜禽床和舍内地面时,均可使舍内微粒大量增加,而且大都是有机性尘粒。如果舍内有患病畜禽或带菌畜禽,通过舍内微粒的传播,很快可使舍内畜禽受到感染。因此,在封闭式畜禽舍中,空气微粒造成的危害已越来越受到养殖业的重视。微粒对畜禽的危害表现如下。

第一,微粒降落在体表上,可与皮脂腺的分泌物、细毛、皮屑、微生物等混合在一起,粘结在皮肤上,使皮肤发痒,甚至引起皮炎;同时还能堵塞皮脂腺和汗腺的出口,使表皮变得干燥脆弱,汗腺分泌受阻,还可使皮肤的散热功能降低。此外,皮肤感受器的功能也受到影响。

第二,大量的微粒可被畜禽吸入呼吸道内,对鼻腔黏膜发生刺激作用,如果微粒中夹带病原微生物,可使畜禽感染;进入气管或支气管内的微粒,可使畜禽发生气管炎或支气管炎;侵入肺泡的微粒,部分可随呼吸排出,部分被吞食溶解,有的停留在肺组织内,引起肺炎等;部分停留在肺组织的微粒,可通过肺泡间隙侵入周围结缔组织的淋巴间隙和淋巴管内,并能阻塞淋巴管,引起尘肺病。

第三，如果畜禽舍内空气湿度较大，微粒可吸收空气中的水分，也可吸附一部分氨气和硫化氢等，此类混合微粒如沉积在呼吸道黏膜上，可使黏膜受到刺激，引起黏膜损伤。

2. 减少畜禽舍空气中微粒的措施

为了减少畜禽舍空气中微粒的含量，应从以下几个方面着手：在牧场周围种植防护林带，可以减少外界微粒的侵入；场内在道路两旁的空地上种植牧草和饲料作物，可以减少场内尘土飞扬；粉碎饲料的场所或堆垛干草的场地应远离畜禽舍；在舍内分发干草时动作要轻；在喂给粉料时，应先分发妥当，然后任其采食，最好改喂湿拌饲料或颗粒饲料；在更换或翻动垫草时，应趁畜禽不在舍内时进行；禁止在舍内刷拭家畜；禁止干扫畜禽床地面；保证舍内通风换气良好，及时排除舍内的微粒，如采用机械通风设施，可在进气口安装空气过滤器，空气经过滤后，可大大减少微粒量；在大型封闭式畜禽舍内，建筑设计时应安装除尘器或阴离子发生器。

（四）防止噪声的污染

随着现代工业的发展，噪声问题越来越严重。噪声可在很大程度上影响畜禽的生产性能；噪声会使畜禽受惊、引起损伤；长时间的噪声还可使动物体重下降，影响生长发育；高强度的噪声甚至可引起动物死亡。畜禽场的噪声，从大的方面看，有 3 个来源：一是外界传入，如飞机、火车、汽车、雷鸣等；二是场内机械产生，如铡草机、饲料粉碎机、风机、真空泵、除粪机、喂料机以及管理工具的碰撞声；三是畜禽自身产生的，如鸣叫、争斗、采食、走动等。为了减少噪声，建场时应选好场址，尽量避免外界干扰；场内的规划应当合理，使汽车、拖拉机等不能靠近畜禽舍；畜禽场内应选择性能优良、噪声小的机械设备；装备机械时，应注意消声和隔音。畜禽舍周围大量植树，可使外来的噪声降低10分贝以上。

（五）畜禽饮用水卫生要求及防止污染的措施

1. 畜禽饮用水卫生的重要性

水是畜禽不可缺少的营养成分，在养分的消化吸收、代谢废物的排泄、血液循环和调节体温等方面，都起着重要的作用（表12－1）。

表12－1　各种家畜一昼夜饮用水需求情况

类别	需水量（升）		次数	按每千克日粮干物质计算需水量（升）
	舍饲	放牧		
泌乳牛	80～150	65	4～6	4～6
干乳牛	30～50		3～4	
肉牛	45～65	40	2～3	
犊牛	30～40	30	3	
怀孕母猪	40～50	/	3	6～8
哺乳母猪	70～105	/	4～5	
仔猪	10～15	/	2～3	
育成猪	15～20	/	3	
育肥猪	15～20	/	2	
成年绵羊	8～10	6	2～3	2
成年山羊	8～10	5	2～3	
羔羊	3～4	2	2～3	

因此，饮水的卫生尤为重要。饮水一旦被病原微生物污染，可以造成动物性食品的污染，从而对人类健康造成威胁。为了保证畜群健康、维护人类生命安全，不但要供给畜群足够的营养

和饮水，而且一定要符合卫生要求。畜禽饮用水应符合中华人民共和国农业行业标准《无公害食品　畜禽饮用水水质》NY 5027—2001的规定。

2. 防止畜禽饮用水污染的措施

(1)从畜禽舍建筑方面防止饮水污染。畜禽舍要建筑在地势高燥、排水方便、水质良好、远离居民区、工厂和其他畜禽场500米以外的地方，特别要远离屠宰场、肉类和畜禽产品加工厂。畜禽场可自建深水井和水塔，深层地下水经过地层的渗滤作用，又属于封闭性水源，水质水量稳定，受污染的机会很少。

(2)注意保护水源。经常了解、掌握水源附近或上游有无污染情况，并及时处理，水源附近不得建厕所、粪池，不得有垃圾堆、污水坑等，井水水源周围30米、江河水取水点周围20米、湖泊等水源周围31～50米内应划为卫生防护地带，四周不得有任何污染源。畜禽舍与井水水源间应保持30米以上的距离，最易造成水源污染的区域如病畜禽舍、化粪池或堆肥场更应远离水源，粪池应做到无害化处理，并注意排放时防止流进或渗透进饮水水源。

(3)做好饮水卫生工作。经常清洗饮水用具，保持饮水器(槽)清洁卫生，最好用乳头式饮水器代替槽式或塔式饮水器，应尽量饮用新鲜水，陈旧饮水应及时弃去。饮水应加入适当的消毒剂，以杀灭水中的病原微生物。

(4)定期检测水样。定期检查饮水的污染情况，饮水污染严重时，要查找原因，及时解决。

(5)做好饮水的净化与消毒处理。当水源水质较差，不符合饮水卫生标准时，需要进行净化处理。地面水一般水质较差，需经沉淀、过滤和消毒处理。地面水源常含有泥沙、悬浮物、微生物等，在水流减慢或静止时，泥沙、悬浮物等靠重力逐渐下沉，但

水中细小的悬浮物，特别是胶体微粒因带负电荷，相互排斥不易沉降。因此，必须加混凝剂，混凝剂溶于水能形成带正电荷的胶粒，可吸附水中带负电荷的胶粒及细小悬浮物，形成大的胶状物而沉淀，这种胶状物吸附能力很强，可吸附水中大量的悬浮物细菌等一起沉降，这就是水的沉淀处理。经沉淀过滤处理后，水中微生物数量大大减少，但其中仍会存在一些病原微生物，为防止疾病通过饮水传播，还须进行消毒处理。消毒的方法很多，其中加氯消毒法投资少、效果好，较常采用。氯在水中可形成次氯酸而进入菌体，破坏细菌的糖代谢使其致死。加氯消毒效果与水的 pH、浑浊度、水温、加氯量及接触时间有关。大型集中式给水，可用液氯配成水溶液加入水中；小型集中式给水或分散式给水，多采用漂白粉消毒。

3. 养殖场的污水处理与排放

随着养殖业的高速发展和生产效率的提高，养殖场产生的污水量也大大增加，这些污水中含有许多腐败有机物，也常带有病原体，若不妥善处理，就会污染水源、土壤等环境，并传播疾病。

畜禽养殖场污水处理的基本方法有物理处理法、化学处理法和生物处理法。这 3 种处理方法单独使用时均无法把养殖场高浓度的污水处理好，需要采用综合系统处理。

(1)物理处理法。物理处理法是利用物理作用，将污水中的有机污染物质、悬浮物、油类及其他固体物分离出来，常用方法有固液分离法、沉淀法、过滤法等。固液分离法首先将牛舍内粪便清扫后堆好，再用水冲洗，这样既可减少用水量，又能减少污水中的化学耗氧量，给后段污水处理减少许多麻烦。

利用污水中部分悬浮固体其密度大于 1 的原理使其在重力作用下自然下沉，与污水分离，此法称为沉淀法。固形物的沉淀是在沉淀池中进行的，沉淀池有平流式沉淀池和竖流式沉淀池两种。

过滤法主要是使污水通过带有孔隙的过滤器使水变得澄清的过程。养殖场污水过滤时一般先通过格栅，用以清除漂浮物(如草末、大的粪团等)之后进入滤池。

(2)化学处理法。是根据污水中所含主要污染物的化学性质，用化学药品除去污水中的溶解物质或胶体物质，如混凝沉淀，用三氯化铁、硫酸铝、硫酸亚铁等混凝剂，使污水中的悬浮物和胶体物质沉淀而达到净化目的。

(3)生物处理法。生物处理法是利用微生物分解污水中的有机物的方法。净化污水的微生物大多是细菌，此外还有真菌、藻类、原生动物等。该法主要有氧化塘、活性污泥法、人工湿地处理。

①氧化塘法：亦称生物塘，是构造简单、易于维护的一种污水处理构筑物，可用于各种规模的养殖场。塘内的有机物由好氧细菌进行氧化分解，所需氧由塘内藻类的光合作用及塘的再曝气提供。氧化塘可分为好氧、兼性、厌氧和曝气氧化塘。氧化塘处理污水时一般以厌氧—兼氧—好氧氧化塘连串成多级的氧化塘，具有很高的脱氮除磷功能，可起到三级处理作用。氧化塘的优点是土建投资少，可利用天然湖泊、池塘，机械设备的能耗少，有利于废水综合作用。缺点是受土地条件的限制，也受气温、光照等的直接影响，管理不当可孳生蚊蝇，散发臭味而污染环境。

②活性污泥法：由无数细菌、真菌、原生动物和其他微生物与吸附的有机物、无机物组成的絮凝体称为活性污泥，其表面有一层多糖类的黏质层，对污水中悬浮态和胶态有机颗粒有强烈的吸附和絮凝能力。在有氧时其中的微生物可对有机物发生强

烈的氧化和分解。传统的活性污泥法需建初级沉淀池、曝气池和二级沉淀池。即污水——初级沉淀池——曝气池——二级沉淀池—出水,沉淀下来的污泥一部分回流入曝气池,剩余的进行脱水干化。

(六)畜禽粪便的无害化处理与有效利用

畜禽粪便是养殖场最主要的废弃物,如能妥善处理好粪便,也就解决了畜牧场环境保护中的主要问题。根据2001年国家环保总局发布的《畜禽养殖业污染物排放标准》(GB 18596—2001)规定,养殖业所生产的废弃物不得随意弃置酿成公害,并对不同规模的集约化畜禽养殖业分别规定了畜禽养殖业废渣无害化环境标准、污染物控制项目及指标。因此,规模养殖场的粪污处理问题必须引起足够的重视。

妥善处理粪便主要从规划畜禽养殖场和用作肥料、燃料、饲料等方面着手。

1. 合理规划畜禽养殖场

合理规划畜禽养殖场是搞好环境保护的先决条件,否则,不仅会影响日后生产,也可能规划不当导致养殖场及周边环境条件恶化,或者为解决污染而付出很高的代价。

在一个地区内合理设置畜禽养殖场的数量和规模(表12-2),使之科学、合理分布,通过土壤完成基本的自净过程。

表12-2　各种家畜每昼夜排粪、排尿量

畜别	排粪量(千克,鲜重)		排尿量(升)		年积
	平均	范围	平均	范围	肥量(吨)
成年牛	27	11～53	10	6～25	6～7.5
0.5～2岁青年牛	10	7～14	10	6～25	

（续表）

畜别	排粪量(千克,鲜重)		排尿量(升)		年积
	平均	范围	平均	范围	肥量(吨)
犊牛 3～6 月龄	5	3.5～6	10	6～25	
3 月龄以内犊牛	2.1	0.4～5			
成年羊	0.9	0.4～2.4		0.5～2	0.75～1
幼羊	0.85	0.15～1.5		0.5～1	
育成猪 育肥猪	2.5～5.5			5～12	2～2.5

2. 用作肥料

(1)土地还原法。把畜禽粪尿作为肥料直接施入农田的方法称为土地还原法。畜禽粪尿不仅供给作物营养,还含有许多微量元素,能增加土壤中的有机质含量,改良土壤结构,提高地力。

(2)腐熟堆肥法。利用好气微生物,控制其活动的水分、酸碱度、碳氮比、空气、温度等各种环境条件,使其分解粪便及垫草中各种有机物,并使之达到矿质化和腐殖化的过程。主要方法有:充氧动态发酵、堆肥处理、堆肥药物处理,其中,堆肥处理方法简单。因为这种方法无需专用设备,处理费用低,且基层群众具有较丰富的经验,所使用的通气方法比较简便易行而普遍使用。例如:将玉米秸捆或带小孔的竹竿在堆肥过程中插入粪堆,以保持好气发酵的环境,经 4～5 天即可使堆肥内温度升高至 60～70℃,2 周即可达均匀分解、充分腐熟的目的。

粪便经腐熟处理后,其无害化程度通常用二项指标来评定:一是判断肥料质量:外观呈暗褐色,松软无臭,如测定其中总氮、磷、钾的含量,肥效好的总氮和磷、钾指标都应该比较高。二是卫生指标：首先是观察苍蝇孳生情况，如成蝇的密度、蝇蛆死亡率和蝇蛹羽化率；其次是大肠杆菌值及蛔虫卵死亡率；此外，尚需定期检查堆肥的温度。一般堆肥温度达 50℃以上维持5～7天，蛔虫卵死亡率为 95%以上，大肠菌群值为 1 万～10 万个/千克，能有效地控制苍蝇孳生。

(3)有机肥加工。以牛粪、猪粪等畜禽粪便作为原料，使用工厂化加工处理设备，利用微生物发酵技术，可生产无臭、完全腐熟的活性有机肥，从而实现粪便的资源化、无害化、无机化。其生产工艺为：牛粪便原料收集于发酵车间内—接种微生物发酵剂—通氧发酵—脱臭、脱水—加入配料平衡氮、磷、钾—粉碎—包装(粉状肥)—造粒—包装(颗粒肥)

3. 粪便的生物能利用

畜禽采食饲料后，可利用其中能量的 49%～62%，其余的随粪尿排出。利用畜禽粪便与其他有机废弃物混合，在一定条件下进行厌氧发酵而产生沼气，可作为燃料或供照明，以回收一部分生物能。这是畜禽养殖场解决环境污染的一种良性循环机制，也是生态农业发展的一部分。

(1)沼气的生产。使粪便产生沼气的条件是：第一，是保持无氧环境，可以建造四壁不透气的沼气池，上面加盖密封；第二，是需要充足的有机物，以保证沼气菌等各种微生物正常生长和大量繁殖，一般每立方米发酵池容积每天加入 1.6～4.8 千克固形物为宜，发酵时粪便应进行稀释，通常发酵干物质与水的比例以 1∶10 为宜；第三，有机物中碳氮比适当，在发酵原料中，碳氮比一般为 25∶1 时产气系数较高，这一点在进料时须注意，应适当搭配、综合进料；第四是适宜的温度，沼气菌的活动以 35℃时最活跃，此时产气快且多，发酵期约为 1 个月，池温在 15℃以下时，产生沼气少而慢，发酵期约为 1 年。沼气菌生存温度为 8～

70℃;第五是适宜的酸碱度,沼气池 pH 值 6.4～7.2 时产气量最高,酸碱度可用 pH 试纸测试。一般情况下,发酵液可能过酸,可用石灰水或草木灰中和。

发酵连续时间一般为 10～20 天,在发酵过程中,对发酵液进行搅拌,能大大促进发酵过程,增加能量回收率和缩短发酵时间,如果能在发酵池上安装搅拌器,则产气效果更好。

(2)沼气发酵残渣的综合利用。粪便经沼气发酵,沼渣中约 95%的寄生虫卵被杀死,钩端螺旋体、福氏痢疾杆菌、大肠杆菌全部或大部分被杀死,同时残渣中还保留了大部分养分。粪便中的碳素大部分变为沼气,而氮素损失较少,发酵后,蛋白质占干物质的比例提升、而且氨基酸营养更为平衡,因此沼渣可作为饲料,尤其是做反刍家畜饲料效果良好。如长期饲喂还能增强其对粗饲料的消化能力;既可直接做鱼的饲料,同时还可促进水中浮游生物的繁殖,从而增加了鱼饵,促进淡水鱼养殖;沼渣还可用做蚯蚓的饲料。另外,发酵残渣是高效肥、无臭味、不招苍蝇,用于农田施肥肥效良好,沼渣中还含有植物生长素类物质,可作为果树肥料和花肥,做食用菌培养料也有明显增产效果。

4. 用作饲料

畜禽粪便中最有价值的是含氮化合物,其中的粗蛋白质量可由总氮量来估计。以美国为例,1972 年从家畜粪便中排出的总氮量约为 223 万吨,与该国同年大豆产量的总氮量相等。因此,畜禽粪便的再利用,是广辟饲料来源的一个重要途径。其中处理利用价值最大的要数鸡粪可以喂鱼、猪、牛、羊等。其他高粪也可养蚯蚓等。

(七)畜禽场环境绿化

畜禽场的绿化,不仅可以改善和美化环境,还可减少污染,

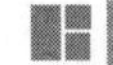

在一定程度上能够起到保护环境的作用。

1. 绿化环境的卫生学意义

(1)改善场内的气候。绿化可以明显改善畜禽场内的温度、湿度、气流等状况。在冬季，绿地可以缓和严寒时的温度日差，使气温变化不致太大；在夏季，树木可以遮住并吸收太阳光的辐射，大大降低畜禽场气温，一般绿地比非绿地温度低3～5℃。

(2)净化空气。据调查，有害气体经绿化地区后，至少有25%被阻留净化，煤烟中的二氧化硫可被阻留60%。畜禽场中二氧化碳比较集中，树木和绿草可吸收大量二氧化碳，同时放出大量氧气。因此，可明显地净化畜禽场的空气。

(3)减少微粒。畜禽场空气中的微粒含量很高，在畜禽场内及周围种上高大树木的林带，能净化大气中的粉尘。在夏季，空气穿过林带时，微粒量下降35.2%～66.5%，微生物减少21.7%～79.3%。草地减少微粒的作用也很显著，除可吸附空气中微粒外，尚可固定地面的尘土，不使其飞扬。

(4)减少噪声。树木及植被等对噪声具有吸收和反射的作用，可以减弱噪声的强度，树叶的密度越大，减音的效果也越显著。栽种树冠大的树木，可减弱畜禽鸣音，对周围居民不会造成明显的影响。

2. 绿化植物的选择

绿化树种除要适合当地的水土环境以外，还应具有抗污染、吸收有害气体等功能，如槐树、梧桐、小叶白杨、毛白杨、加拿大白杨、钻天杨、旱柳、垂柳、榆树、泡桐、臭椿等。绿篱可用榆树、紫穗槐等；花篱可用连翘、丁香、珍珠梅、忍冬等；刺篱可用黄刺梅、红玫瑰、野蔷薇、花椒、山楂等；蔓篱可用地锦、金银花、葡萄等。

主要参考文献

[1]冯维祺．科学养羊指南．北京:金盾出版社,2012.

[2]郑玉姝,魏刚才,李艳芬．零起点学办肉羊养殖场．北京:化学工业出版社,2015.

[3]张会文,任亚琪,史俊侠．现代科学养羊新技术．北京:中国农业科学技术出版社,2012.

[4]刘俊伟,魏刚才．羊病诊疗与处方手册．北京:化学工业出版社,2014.

[5]朱奇．高效健康养羊关键技术．北京:化学工业出版社,2010.

[6]于振洋,程德君．科学养羊入门．中国农业大学出版社,2010.